乡村振兴人才培养系列教材
图说现代农业高质量发展关键技术丛书

图解蓝莓栽培及周年管理关键技术

董 畅　覃 杨 主编

U0823226

中国农业大学出版社
·北京·

内容简介

本书从蓝莓的基础理论和周年生长发育的表型入手，结合每个生长发育时期的特征特性，以图文结合的形式系统地介绍了当前我国温带地区和寒温带地区蓝莓栽培的关键技术，包括蓝莓栽培的基础知识、蓝莓品种及关键栽培技术、蓝莓物候期及周年管理技术、蓝莓栽培中常见问题及解决办法等。本书文字简练，重点突出，并采用小知识点展现蓝莓栽培中的土壤 pH 调节物制备、蓝莓基质制备、组培苗木繁殖流程、膨果肥制备、果实采后专用速效料制备和果蝇诱杀剂制备等方法及流程。本书方便蓝莓种植者学习和操作，非常适合广大蓝莓种植爱好者和相关技术人员使用，也可供农林院校相关专业人员参考。

图书在版编目(CIP)数据

图解蓝莓栽培及周年管理关键技术／董畅，覃杨主编. --北京：中国农业大学出版社，2024.4

ISBN 978-7-5655-3172-9

Ⅰ.①图… Ⅱ.①董…②覃… Ⅲ.①浆果类果树-果树园艺-高等职业教育-教材 Ⅳ.①S663.2

中国国家版本馆 CIP 数据核字(2024)第 042448 号

书　名 图解蓝莓栽培及周年管理关键技术

作　者 董　畅　覃　杨　主编

策划编辑 林孝栋　康昊婷　　**责任编辑** 康昊婷　刘彦龙

封面设计 郑　川　李尘工作室

出版发行 中国农业大学出版社

社　址 北京市海淀区圆明园西路 2 号　　**邮政编码** 100193

电　话 发行部 010-62733489，1190　　编辑部 010-62732617，2618

出版部 010-62733440　　读者服务部 010-62732336

网　址 http://www.caupress.cn　　**E-mail** cbsszs@cau.edu.cn

经　销 新华书店

印　刷 涿州市星河印刷有限公司

版　次 2024 年 4 月第 1 版　2024 年 4 月第 1 次印刷

规　格 148 mm×210 mm　32 开本　7.125 印张　264 千字

定　价 29.00 元

图书如有质量问题本社发行部负责调换

编写人员

主编

董　畅（西昌学院农业科学学院）

覃　杨（西昌学院攀西特色作物研究与利用四川省重点实验室）

副主编

王庆菊（辽宁农业职业技术学院）

佟兆国（西昌学院攀西特色作物研究与利用四川省重点实验室）

参编人员

陈　勃（西昌学院攀西特色作物研究与利用四川省重点实验室）

王柏林（黑龙江省农业科学院园艺分院）

杨瑞华（黑龙江省农业科学院园艺分院）

王　禹（黑龙江省农业科学院园艺分院）

鲁会玲（黑龙江省农业科学院园艺分院）

肖丽珍（黑龙江省农业科学院园艺分院）

孟凡娟（东北林业大学生命科学学院）

张晴莹（辽宁农业职业技术学院）

阳　翠（四川省农业科学院经济作物研究所）

前言

蓝莓作为新兴的浆果类果树，目前是世界上发展最迅速的优良果树树种之一。蓝莓果实可鲜食，也可作为饮料、医药等的原料，果实中富含抗氧化活性物质成分，具有增强视力、消除眼睛疲劳、防止脑神经老化、软化血管、增强人体免疫力等作用，营养价值较高，堪称“世界水果之王”。蓝莓因其特殊保健功能已被联合国粮食及农业组织列为“五大健康食品”之一，也由于其巨大的经济效益和生态价值，成为国际上第三代重点发展的水果。目前，在全世界的各类小浆果种植面积中，蓝莓的栽培面积已跃居首位。

蓝莓属于杜鹃花科越橘属蓝浆果组的植物，原产于美国大西洋沿岸各州和加拿大东南部。人类利用其野生果实已有几千年历史，但直到 1906 年美国才开始对蓝莓进行系统的研究，1908 年开始蓝莓的选种、育种工作，1937 年推出了 15 个优良品种，为美国蓝莓的发展奠定了品种基础。目前，美国和加拿大等国已选育出适应各地气候环境条件的优良品种 100 余个，全世界已有 300 余个蓝莓栽培品种，且在 30 多个国家种植推广，主要产区在南美洲、北美洲和亚洲，从亚热带、温带到寒带均有蓝莓的商业栽培。

我国蓝莓的栽培起步较晚。在 20 世纪 80 年代，吉林农业大学和南京植物园率先开展了不同类群蓝莓的引种工作，随后我国相关科研院所和大专院校也相继开展了引种和试验栽培研究。2000 年我国蓝莓开始进入人工种植与商业化生产阶段，至 2020 年我国已成为蓝莓种植面积最大的国家，在 23 个省份有栽培。2020 年我国蓝莓栽培面积达 7 万 hm^2，以贵州、山东、辽宁为主要产区，吉林、广东、四川、黑龙江、江苏、安徽等省份也有大面积生产。我国西南地区还因地制宜进行了蓝莓基质栽培，在品种筛选和配套栽培技术方面开展了很多研究。

随着消费市场潜力的不断扩展，蓝莓已成为我国发展最快的朝阳果树产业。主要栽培类群为南高丛蓝莓、北高丛蓝莓、半高丛蓝莓、矮丛蓝莓和兔眼蓝莓5个类群。不同类群、不同品种在栽培和管理等方面都需要不同措施，对光照条件、气候环境和土壤条件的要求也有所不同。为了让蓝莓种植者和相关从业人员直观地了解蓝莓和蓝莓栽培，我们特编写了此书。

本书参考和引用了国内外相关研究领域专家、学者们的专著和科研成果，在此向他们表示诚挚的感谢！

由于编者水平有限、经验不足，书中若有疏漏或不妥之处，敬请读者批评指正。

编　者

2024年1月

目录

第一章　蓝莓栽培的基础知识 / 1

* 中英文品种名对照见目录后索引

蓝莓品种中英文对照

第一章

Chapter 1

蓝莓栽培的基础知识

蓝莓是杜鹃花科（Ericaceae）越橘亚科（Vaccinioideae）越橘属（*Vaccinium* L.）的植物。越橘属植物分布广泛，从北极圈到亚热带大陆、岛屿都有野生越橘分布。在20世纪，越橘属中的蓝莓（Blueberries）、蔓越橘（Cranberries）、红豆越橘（Lingonberries）等树种得到驯化，筛选出适合人工栽培的系列品种，开始进入规模化人工栽培阶段。随着对该属蓝浆果组植物栽培与研究的深入，人们发现蓝莓果实具有丰富的营养物质和较高的保健作用。因此，作为一种具有较高经济价值和广阔开发前景的小浆果，蓝莓越来越受到人们的青睐，目前已成为全球新兴的果树栽培树种。

一、蓝莓营养价值及栽培效果

1. 蓝莓果实的营养价值

蓝莓果实用于鲜食，可食率近100%，且不用去皮去籽，食用方便。其果肉细腻，酸甜适口，风味独特，营养丰富，有清爽宜人的香气，被誉为“浆果之王”。果实富含多种维生素和微量元素，以及花青素、花色苷、黄酮等多种生理活性物质（表1-1），特别是果实富含的蓝莓儿茶酸等活性物质，具有防治高血压、疏通毛细血管和缓解视力疲劳、提高身体免疫力等多种生理保健功能，被联合国粮食及农业组织列为人类五大健康食品之一，风靡全球。蓝莓果实除用于鲜食外，也可用于冷冻果食用，还可加工制作成果酱、果汁、冰激凌、果酒、烘焙食品，以及花青素提取，尤其作为烘焙食品配料，备受青睐。

表1-1　每100克‘提芙蓝’蓝莓品种鲜果的营养成分及其含量

活性物质及其含量		基础物质及其含量		无机物成分及其含量	
成分	含量	成分	含量	成分	含量
花青素	210 mg	热量	66.0 kcal	Na	1.0 mg
胡萝卜素	15 μg	水分	81.6 g	K	78.0 mg
维生素 B_1	0.03 mg	脂肪	0.1 g	Mg	4.5 mg
维生素 B_2	0.05 mg	碳水化合物	17.8 g	P	7.1 mg
维生素 B_3	0.3 mg	灰分	0.2 g	Fe	0.2 mg
维生素 B_5	0.14 mg	水溶性纤维	0.4 g	Pb	0.1 mg
维生素 B_6	0.05 mg	不溶性纤维	3.7 g	Cu	0.04 mg
维生素 B_9	2.5 μg	蛋白质	0.4 g	Ca	6.3 mg
维生素 C	17.0 mg			Mn	0.05 mg

2. 蓝莓果实的保健作用

蓝莓果实因其含有丰富的花青素，能促进视网膜细胞中视紫质的再生成，可预防中度近视及视网膜剥离，因此具有保护视力的作用。现代社会中，人们随着年龄增加，新陈代谢变差，血液循环不良，眼部的微血管通透性常产生异常，而且在得不到充足营养时，眼球的骨胶质会减少，进而影响眼球的弹性，使眼球变形，视力异常。而蓝莓果实中的花青素等抗氧化活性物质成分，可用于维系血管的完整、强化微血管的弹性、促进血液循环、维持眼球正常压力，从而缓解人们眼睛的许多问题。同时，蓝莓果实富含大量的花青素、鞣花酸等生理活性物质，被称为果蔬中的"第一号抗氧化剂"，能保护或降低细胞免受过氧化物的破坏，因此具有防止功能失调、改善短期记忆等作用，有助于提高人体抗病力。

蓝莓中的黄酮类化合物可以有效抑制癌细胞繁殖时的酶活性和癌细胞的扩散，可保护更多健康的细胞免受癌细胞侵蚀，起到预防癌症发生和发展的作用。另外，有些肿瘤是通过溶解组织和细胞等物质而形成的，这些癌细胞会产生大量的溶解酶和蛋白质，从而破坏人体蛋白酶的作用，而蓝莓中的生理活性物质能保护蛋白质不受蛋白酶的影响。有研究表明，野生蓝莓的抗癌作用最强。

蓝莓果实除以上保护视力、增强记忆力、预防或抑制癌症等保健作用外，还具有增强自身免疫力、改善身体微循环、调理亚健康等作用。

3. 蓝莓的观赏特性

蓝莓除用于商业化生产栽培，采收果实作为产品外，其株丛紧凑、开白花或粉红花、结蓝果或红果、长红叶或绿叶，具有较高的观赏性（图1-1），可作为园林观赏树种种植。成簇的白花或红花、成串的蓝果、满院的红叶，可起到春看繁花，夏品鲜果，秋赏红叶，冬观植株，可谓四季皆有景。同时其株丛矮小，不需要借助其他爬梯工具进行田间管理，结果后枝蔓下垂，易于采摘，管理方便，而且植株根系较浅且集中，这些特性不仅适合于大面积商业种植，还使其成为较受人们喜爱的庭院果树之一。

4. 蓝莓的现代农业特性

种植蓝莓，具有以下现代农业特性，容易实现现代农业发展目标。

（1）可以达到无农药、无化肥栽培，符合现代农业发展方向。

（2）四季都有不同景致，种植业与旅游观光业易有机结合。

（3）可以进行露地、盆栽以及设施栽培，栽培模式多样化。

图1-1 蓝莓的观赏特性

①植株紧凑；②叶红；③花红白相间；④果紫色至蓝色

（4）果实具有较高的营养保健价值，可有效调理亚健康人体状态。

（5）经济效益较高，适合乡村振兴中种植业产业发展要求。

（6）适应性较强，全国各地均可以种植。

二、蓝莓在越橘属中的位置及分类

越橘属（*Vaccinium* L.）植物在全世界广泛分布，有450多种，主要分布在喜马拉雅山脉、新几内亚、南美洲的安第斯山。越橘属下分亚属或组，全世界具有较高经济效益的有6个组，分别为蔓越橘组、蓝浆果组、越橘组、黑果越橘组、湿生越橘组和坛花组（图1-2）。蓝莓属于蓝浆果组，是目前栽培应用最为广泛的树种，栽培品种主要来自美洲和欧洲地区；蔓越橘属于蔓越橘组，主要分布在美洲地区，其果实主要用于制作果脯（图1-3）。

越橘组和湿生越橘组在我国也有大量野生分布，并且具有较高的营养价值和经济效益。越橘组中的红豆越橘在我国黑龙江省伊春、内蒙古根河等地区有大量野生分布（图1-4），常绿下可以忍受-20 ℃以下低温，叶片革质，白花红果，其果实目前也主要用于制作果脯。

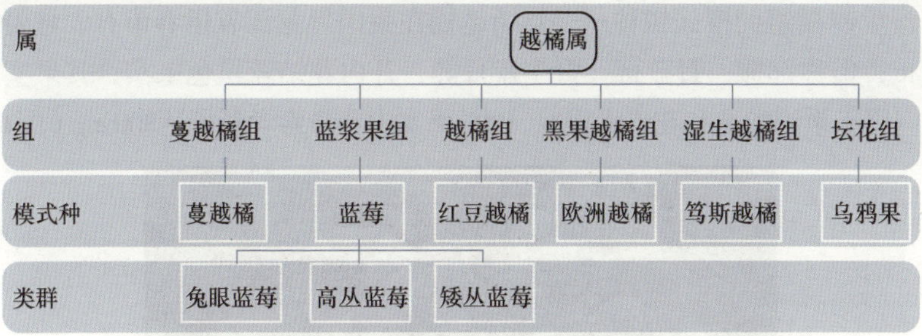

图1–2　越橘属中具有较高经济效益的组、模式种及类群

图1–3　主要分布在美洲的蔓越橘

图1–4　我国内蒙古地区分布的野生蓝莓——红豆越橘

湿生越橘组的模式树种——笃斯越橘在我国黑龙江省伊春市有大量野生资源分布，俗称都柿、野蓝莓、野生蓝莓等，开白花结蓝黑色果实，其果实已大规模应用于果酒酿造和花青素提取，100 g果实中花青素含量可达800 mg（图1–5）。

图1–5　我国黑龙江分布的野生蓝莓——笃斯越橘

此外，在我国的四川、云南等省份也大量分布越橘属坛花组的野生蓝莓，叫乌鸦果，俗称野蓝莓、蚂蚁果等，开白花带红棱纹，结黑色果实，鲜果酸甜适口，单果平均重约0.6 g（图1–6）。

图1–6　我国四川分布的野生蓝莓——乌鸦果

蓝浆果组是园艺作物上最重要的一个组，其最重要的模式树种为蓝莓，又名蓝浆果。蓝浆果根据植物学形态、特性、杂交特点和染色体的差异等被我国研究人员分为高丛蓝莓、矮丛蓝莓和兔眼蓝莓（图1–7），其中高丛蓝莓又分为北高丛蓝莓、南高丛蓝莓和半高丛蓝莓。

图1-7　高丛蓝莓、矮丛蓝莓和兔眼蓝莓

三、蓝莓植株及各器官植物学特性

1. 蓝莓植株

植株多为灌木，树体多丛生。植株由地上部分和地下部分组成，地下部分为根系，地上部分为树冠（图1-8）。树冠主要由枝、花、果、叶、芽等组成，枝包括主干枝、结果母枝、结果枝、根蘖枝等；地下部分为根系，主要为根状茎和须根。植株地上部分每年都有新梢萌发和生长发育，地表上易发萌蘖枝或根蘖枝，形成灌木丛。

图1-8　蓝莓植株

蓝莓树冠内有多个主干，每个主干上着生多个结果母枝，每个结果母枝有3～5个结果枝，结果枝上的果实与花着生在枝条的顶端，果实下方萌发新梢（图1-9）。结果枝一般为已越冬的、可开花结果的1年生枝条，结果母枝一般为2年或2年以上的枝条。

蓝莓完整植株由枝、叶、花、果、芽和根系组成（图1-10）。枝有一年生枝和多年生枝，一年生枝也叫新梢或当年生枝，多年生枝也叫老枝，有二年生、三年生、四年生等。芽有叶芽和花芽，花芽着生在一年生枝顶端，叶芽着生在一年生枝花芽下方，多年生枝上着生大量的隐芽，隐芽在条件适宜时可萌发成枝。叶芽萌芽展叶后，萌发成新梢，新梢上着生幼叶、成熟叶和芽；花芽萌发后则逐步发育成花和果实。所有枝条基部形成较大的根团，叫根茎，在根茎边缘萌发地下走茎，在树冠边缘萌发形成根蘖枝。树冠基部有几个多年生的、生长较直立的枝组，成为植株的主干枝。

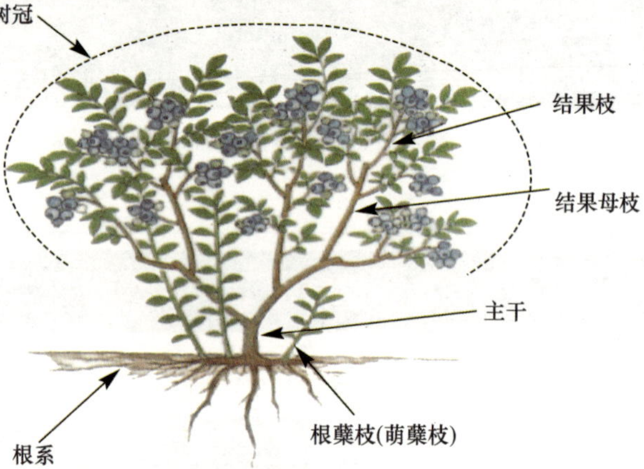

图1-9　蓝莓植株示意图（原图引自伴琢也）

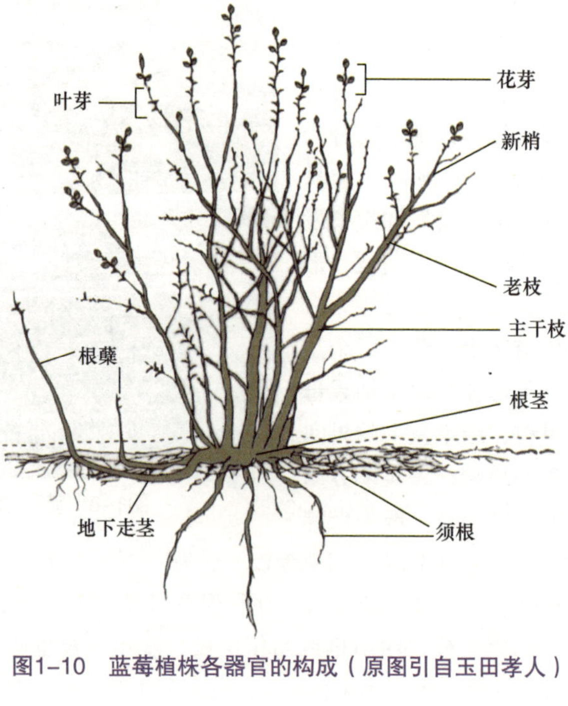

图1-10　蓝莓植株各器官的构成（原图引自玉田孝人）

2. 根系

蓝莓根系不发达，没有主根，以纤细根为主，通常没有根毛。蓝莓根系为浅根系，分布范围较浅，大部分从根茎处开始水平蔓延形成不定根。根系主要有两种类型，一种是粗度在11 mm左右的根系，主要起到固定植株和贮藏养分功能的作用，即根状茎；另一种是粗度为1 mm左右的根系，呈现线状的显微根，主要起吸收水分和养分的作用，为须根。根状茎一般为暗棕色，并且木质化，新生须根为白色。蓝莓根系中约50%位于树冠投影之内的30 cm厚的土层内，根系干重80%在30 cm的土层深度内。蓝莓根系在土壤中及水中状态见图1–11。

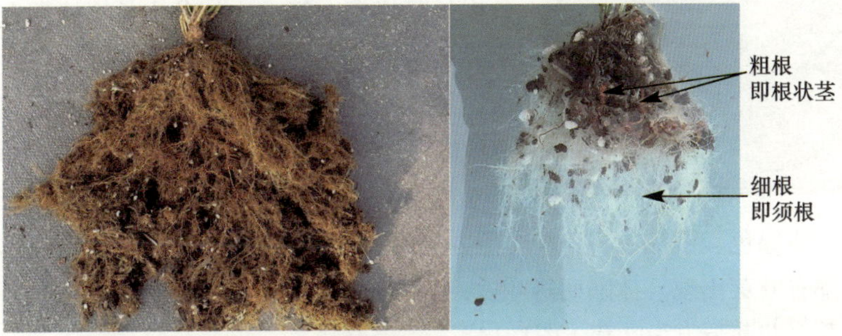

图1–11　蓝莓根系在土壤中及水中状态

蓝莓根系在土温14～18 ℃时发育较好，低于8 ℃时根系生长极缓慢。一年中，随着气温升降，土温出现相应变化，根系呈现两个生长高峰，第一个小的高峰在春季，大约为坐果后到果实第一次膨大结束时，处于果实绿果期，第二个高峰为果实采收结束后至落叶。

3. 枝条

在一年的生长周期内，蓝莓植株可以有多次枝条萌发，一般品种一年可以萌发2次新梢，个别品种萌发1次，极少数品种一年可萌发4～5次新梢，一年内新梢具体萌发次数与品种和栽培环境条件有关。新梢萌发时间一般在春季开花后，叶芽萌芽展叶后抽生新梢，当新梢生长到一定程度后即停止生长，新梢顶端生长点变黑形成黑尖（图1–12），这种现象通常称为枝顶败育，黑尖脱落后留下的痕迹叫黑点，黑尖形成到脱落的这个时期叫黑尖期。

图1–12　蓝莓新梢顶端的黑尖

图1-13　蓝莓枝条的转轴生长

黑尖产生2～5周后脱落，靠近顶尖的叶芽重新萌发，长出新枝，此时开始进行第二次新梢生长，也叫转轴生长（图1-13）。蓝莓新梢的这种转轴生长一年可以发生几次，最后一次转轴生长后在新梢的顶端形成花芽，开花结果后顶端枯死，下部叶芽萌发新梢并形成花芽。蓝莓植株一年可萌芽抽生多次新梢，但只有2次枝条生长高峰期，第一次枝条生长高峰期在坐果期，川滇地区在4—5月份，江浙地区在5—6月份；第二次枝条生长高峰期在果实采后期，川滇地区在5—6月份，江浙地区在7—8月中旬。

蓝莓新梢在生长期从顶端往下颜色依次为绿色、浅绿色、浅棕色，面向光照方向的颜色比背光方向的颜色相对要深，叶腋间都有叶芽出现。休眠期落叶后，蓝莓枝条颜色多数为棕色、红棕色，顶端为花芽，花芽下方为叶芽（图1-14）。

图1-14　蓝莓一年生枝（生长期左和休眠期右）

蓝莓栽植后第二或第三年，树冠扩大明显加快，新枝萌发较多且生长旺盛，年生长量可达1 m以上。新梢生长茎粗增加和长度的增加呈正相关。按照枝条的粗度，将新梢分为3类，分别为细梢（<2.5 mm）、中梢（2.5～5.0 mm）和粗梢（>5 mm）。株丛中约70%新梢为细梢，25%新梢为中梢，5%新梢为粗梢。形成花芽方面，细梢约有11个节位形成花芽，中梢约有17个节位形成花芽，粗梢约有30个节位形成花芽。根据新梢的长度，将新梢分为短枝（<10 cm）、中枝（10～30 cm）、长枝（30～50 cm）和超长枝（>50 cm）。在生产栽培中，粗梢且长梢的坐果率较高，且果实较大、品质最好。

图1-15　蓝莓花芽、叶芽的着生位置

4. 芽

蓝莓的芽分为花芽和叶芽，花芽通常着生在一年生枝的顶部，花芽下部着生叶芽。花芽芽体较大，圆润饱满。花芽下方的叶芽较小，窄而尖（图1-15）。花芽分化于果实采收期开始，至秋末结束，具体时间为当年最后一轮新梢的顶端形成黑尖时开始，至落叶前结束。花芽分化时，芽体在枝条顶端和近顶端几节形成以肉眼可见的明显膨大的卵形花芽，长3.5～7.0 mm，花芽在叶腋间和顶端形成，逐渐发育。当花芽外层鳞片变成棕黄色时进入休眠状态，但花芽内部一直在进行各种生理生化变化。花芽沿着枝轴在几周内向基部发育，迅速膨大形成明显的花芽并进入冬季休眠。在冬季休眠期内，花芽形成花序轴。花芽一般在枝条的顶端和上端有叶片的叶腋间形成，没有叶片的叶腋间一般不形成花芽。

蓝莓花芽多为单生，稀有双生或多生（图1-16）。不同品种每个结果枝所形成的花芽数量、每个节位的花芽数量、每个花芽包含的花朵数量等差异较大。每个花芽中花朵数量除与品种有关外，还与其在枝条上的着生位置有关，距离顶部越远，花朵数量越少。枝条上花芽的数量还与树体的养分条件、枝条的粗度、光照条件等密切相关。

图1-16　花芽单生、双生或多生

叶芽在叶腋间形成。叶芽刚形成时为圆锥形，不同品种的叶芽长度不同，多为3～5 mm长，被有2～4个等长的鳞片。春季休眠期结束后，叶芽开绽比花芽缓慢且晚，当叶芽开绽时，产生节间很短且叶片簇生的新梢，叶片呈紧凑的簇状环绕在茎的周围。随着时间推移，叶片在节内展开并互相分离，叶片按2/5叶序沿茎轴生长。当簇生叶片长至6片及6片以上时，出现1个伸长的节间，此时新梢开始进入快速生长期。随着枝条的生长，其余叶片在新梢顶部形成（图1–17）。

图1–17　叶芽形成、春季萌芽和伸长生长

5. 花序和花

春季随着气温升高，枝条上的花芽开始膨大，随后花序露出，花朵绽放，到最后落花（图1–18）。从花芽开始膨大到落花一般需要4～5周，花期约2周。

蓝莓多数品种花为两性花，总状花序（即花序轴较长，各朵单花以总状分枝的方式着生在花序轴上，各朵花的花梗近等长，整个花序椭圆形，又叫复总状花序或圆锥花序），每个花序有5～12朵花。花多数为坛状，稀有钟状或管状。花单生，花梗细长，基部有苞片，花向下倒生，花冠顶端深裂且在开花后反卷，柱头伸出花冠，先端有花粉释放管，花药互相贴近，排列成管状。一般情况下，刚开花时，花柱较短，花后2～3 d花柱从花粉管中伸出，一个花序上基部的花先开，花序顶端的花后开（图1–19）。

蓝莓花主要由花萼、花冠、雌蕊和雄蕊4部分组成，共同着生在花梗顶端的花托上（图1–20）。花冠由联结的花瓣组成，顶端5浅裂，花瓣多为白色或乳白色，稀红色。花萼与子房合生，子房下位有4～10室，5室较多，每室有胚珠1枚至多枚，最多可达50枚，子房、花柱和柱头共同组成蓝莓花的雌蕊。每朵花中有8～10个雄蕊，雄蕊镶嵌在花冠基部围绕着花柱生长，花丝、花药、花粉管和花粉孔等共同组成蓝莓花的雄蕊。雄蕊比花柱短，花药上端有2个管状结构的距，为花粉管，其作用是散发花粉。

图1-18　蓝莓的开花过程

①鳞片松开，花芽可见；②鳞片分离，花顶部可见；③鳞片与芽分离，单花分开；④单花完全分离，花冠未膨大；⑤花冠完全膨大，开放；⑥花冠脱落

图1-19　蓝莓花序

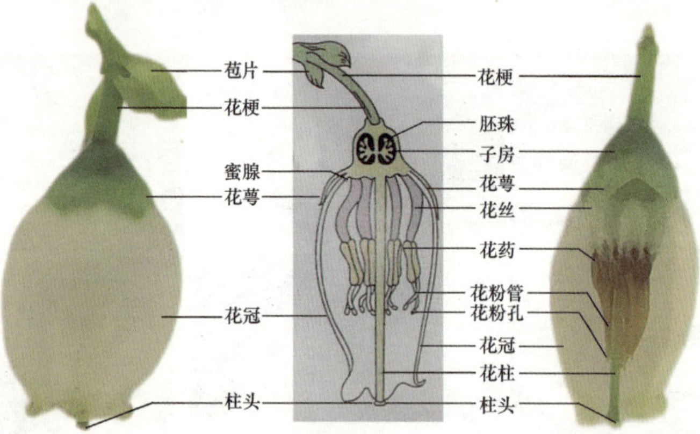

图1-20　蓝莓花及其结构

雄蕊和雌蕊发育成熟后，花萼与花冠也发育成熟，这时花萼与花冠展开，雄蕊和雌蕊显露出来，此时为开花。蓝莓的花为悬垂状，花柱稍长于花冠，靠风传播花粉比较困难，主要靠昆虫来完成传粉。因此在花期要尽可能避免使用杀虫剂，设施栽培条件下须进行人工放蜂，以提高坐果率。蓝莓自花授粉结实率低，需要配置不同品种进行授粉，异花授粉可以有效提高坐果率、增大单果重、提高产量和品质。

6. 叶

蓝莓叶由叶托、叶柄和叶片组成，叶托在叶片展开后脱落，一般只见到叶片和极短缩的叶柄。叶片单叶互生，交错排列在茎上，多数品种在休眠期落叶，少数南高丛蓝莓品种和兔眼蓝莓品种在休眠期常绿。叶片形状多样，通常为椭圆形、阔椭圆形、卵形和阔匙形。多数品种叶片背面有绒毛。叶片大小差异较大，最小的长1 cm，最大的叶片长度可达13 cm。叶片通常在生育期为绿色、浅绿色或墨绿色，落叶前转色期部分品种叶片变成红色（图1-21）。

图1-21　蓝莓叶片及其转色状态

①生长期；②转色期

7. 果实

一般在开花40～90 d后果实成熟，蓝莓果实为多种子的浆果。果实大小及颜色受栽培品种、环境条件和管理措施的影响，多数品种果实成熟时果皮呈现蓝色或紫罗兰色，少数品种为红色，外被有不同程度的白色果粉（图1–22）。果肉大部分为白色，种子为黑褐色，萼片宿存。果实直径一般在0.5～3.0 cm，单果重1.0～4.0 g；形状多为扁圆形，稀有卵形、梨形和椭圆形。果实横切面中心有髓部，通过一圈维管束将其与果实其余部分分开。维管束周边一般有5～6个木质化胎座的心室，心室外皮为心皮，即内果皮，心室里附着多粒种子。中果皮零星分布石细胞，在外表皮下居多；外果皮为蓝色，是蓝莓果实的主要着色部位，也是花青素、类黄酮等活性物质集中的部位。蓝莓外果皮表面包被一层白色果粉，主要由蜡质角质层组成，蓝莓色素存在于外果皮和外果皮的下层细胞中。

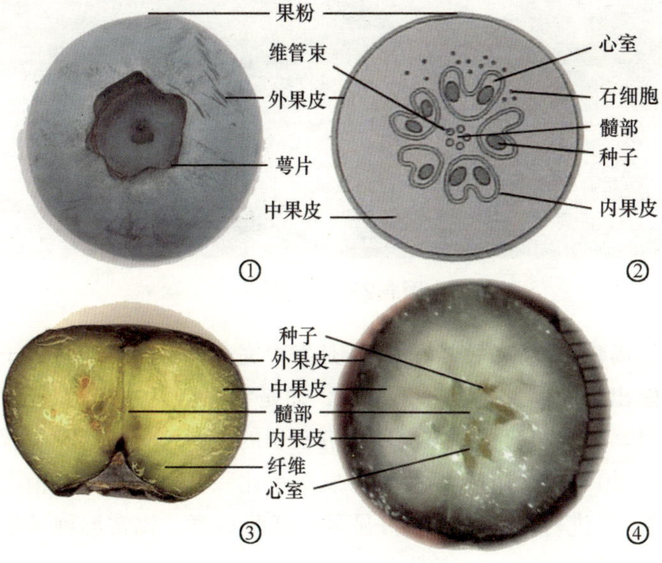

图1–22　蓝莓果实结构

①果实顶部；②果实横切面示意图；③果实纵切面；④果实横切面

8. 种子

蓝莓果实有4～10个心室，多为5个心室，每个心室有1枚或多枚种子，最多可含有50枚种子，每个果实最多可含65粒种子。蓝莓种子极小，成熟、饱满的种子稀少（图1–23），种子数量对果实的食用风味并无不良影响。蓝莓果实中饱满种子数量与浆果大小密切相关。在一定范围内，饱满种子数量越多，果实越大，在异花授粉时，果实重量大约60%归功于种子。单个果实，如果花期花粉量大，果实种子多，果实也大。因此，对果实发育和采收产量而言，一定数量的种子是必需的。

图1-23 蓝莓种子

大而深褐色的、饱满圆润的种子是发育完全的种子。蓝莓种子播种时需要光照才能出苗，因此播种时不覆土，而是将育苗盘放在光照良好的场所，并保持湿润。种子的萌芽率与温度也有密切的关系，种子层积过程中，如果温度在0.5～20 ℃范围内不断变温，发芽率比一直贮藏于0 ℃稍高些；萌芽期在10～32 ℃进行变温处理，可显著提高萌芽率，比常温种子萌芽率要高很多。

四、蓝莓的主要物候期

蓝莓在一周年的生命活动中，最显著的两个阶段为生长期和休眠期。生长期可以明显地从地上部形态上看出变化，有萌芽、开花、落花、坐果、果实成熟、新梢生长、落叶等不同阶段。落叶以后植株进入休眠期，休眠期从落叶后到春季萌芽时为止。

植物一年中的生长发育有规律的变化与一年中的季节性气候的变化相吻合，因此称为“生物气候学时期”，简称“物候期”。蓝莓主要物候期有花芽膨大期、花芽开绽期、花序露出期、花序伸长期、花蕾分离期、初花期、盛花期、末花期、落花期、新梢加速生长期、幼果膨大期、花芽分化期、果实着色期、果实成熟期、新梢黑尖期、枝条成熟期、叶片转色期、休眠期等，每个物候期分别描述如下。

（1）**花芽膨大期**　春季随着气温升高，花芽开始膨大，从椭圆形变成阔椭圆形，鳞片开始松开，颜色开始呈现浅黄色或浅绿色。

（2）**花芽开绽期**　花芽的鳞片开始松开，芽先端的鳞片分开，花序开始可见（图1–24）。

（3）**花序露出期**　花芽顶端鳞片完全裂开，现出花序（图1–25）。

图1–24　蓝莓花芽开绽

图1–25　蓝莓花序露出

（4）**花序伸长期**　花序开始伸长，花蕾之间相互分开，花芽外层的鳞片开始脱落（图1–26）。

（5）**花蕾分离期**　花芽鳞片全部脱落，花梗完全露出，花蕾之间彼此分离，花冠未膨大（图1–27）。

（6）**初花期**　花冠开始膨大，花冠顶端开裂，开始有花蕾开花，植株上5%的花序开始开花（图1–28）。

图1-26　蓝莓花序伸长

图1-27　蓝莓花蕾分离

（7）**盛花始期**　植株上超过25%的花开始开放（图1-29）。

图1-28　蓝莓进入初花期的表型

图1-29　蓝莓进入盛花始期的表型

（8）**盛花期**　植株上50%的花已经开放（图1-30）。

（9）**盛花末期**　植株上75%以上的花开放（图1-31）。

图1-30　蓝莓盛花期

图1-31　蓝莓盛花末期

（10）**末花期**　植株上全部的花开放，并且有部分花瓣（冠）开始脱落（图1-32）。

（11）**落花期**　植株上开始有大量的花冠脱落，开始落花（图1-33）。

图1-32　蓝莓末花期

图1-33　蓝莓落花期

（12）**新梢加速生长期**　新梢上出现第一个较长节间时，新梢开始进入了快速生长始期（图1–34），直至该新梢上出现最大叶时，为新梢的加速生长期，当新梢顶端出现小叶时，为新梢加速生长停止期。

（13）**幼果出现期**　该时期也叫青果出现期，子房受精后开始膨大，肉眼可见膨大的果实，果实直径达0.5 cm以上（图1–35）。

图1–34　新梢加速生长始期

图1–35　幼果出现期

（14）**花芽分化期**　新梢顶端的芽体开始不断膨大，直至芽体变成圆锥形为止（图1–36）。

（15）**果实着色期**　也叫蓝莓果实第二次膨大期。果面由绿色转为浅紫色时开始，至整个果面颜色逐渐加深至该品种果实固有颜色时为止（图1–37）。

（16）**果实成熟期**　整个果面颜色变为深蓝色或蓝黑色，从色泽、硬度、品质等方面表现出该品种固有的成熟特性，采摘时果柄易于分离，果柄着色（图1–38）。

（17）**新梢黑尖期**　以新梢顶端出现败育的黑点开始，至黑尖脱落为止（图1–39）。

（18）**枝条成熟期**　秋季枝条由下而上开始变色，逐渐转变为该品种枝条具备的形态特征特性（图1–40）。

（19）**叶片转色期**　秋冬季节，叶色由绿开始变红或变黄，直至落叶或叶片不再发生变化（图1–41）。

图1-36　蓝莓花芽分化始期

图1-37　蓝莓果实着色期

图1-38　蓝莓果实成熟期

图1-39　蓝莓新梢黑尖期

图1-40　蓝莓枝条成熟期

图1-41　蓝莓叶片转色期

（20）**落叶期**　蓝莓植株5%～10%叶片因老熟而脱落时为落叶始期，有10%以上叶片脱落时为大量落叶期，90%以上叶片脱落时为落叶终期（图1-42）。

图1-42　蓝莓落叶终期

（21）**休眠期**　蓝莓植株落叶后，开始进入休眠期。休眠是一个相对概念，在休眠期内植株并没有停止生命活动（图1-43）。

图1-43　蓝莓植株休眠期

五、蓝莓新梢和果实的年生育周期

1. 新梢的年生育周期

蓝莓新梢的生育周期，即新梢从萌芽、展叶、伸长生长、出现黑尖、花芽分化、枝条成熟、叶色转色、落叶至休眠期完整的生长生育过程，完成新梢的一个年生育周期（图1-44）。不同品种、不同栽培区域一年中可抽生1次或多次的新梢，如‘瑞卡’蓝莓品种在四川省西昌市每年只萌发一次新梢，当新梢黑尖出现后，当年的新梢萌发和生长发育周期结束；而‘粉蓝’蓝莓品种在四川省西昌市每年则可以进行4～5次的新梢萌发和生长，当第一轮新梢顶端黑尖脱落1～2周后，黑尖下方的叶芽萌发抽生成新梢，黑尖端出现转轴生长现象，进行2次或多轮次的新梢生长。一个品种在一年中不论发生1次或多次新梢生长，一般只在最后一次新梢生长发育期结束后进行花芽分化发育，花芽一般着生在最后一次形成的新梢上。

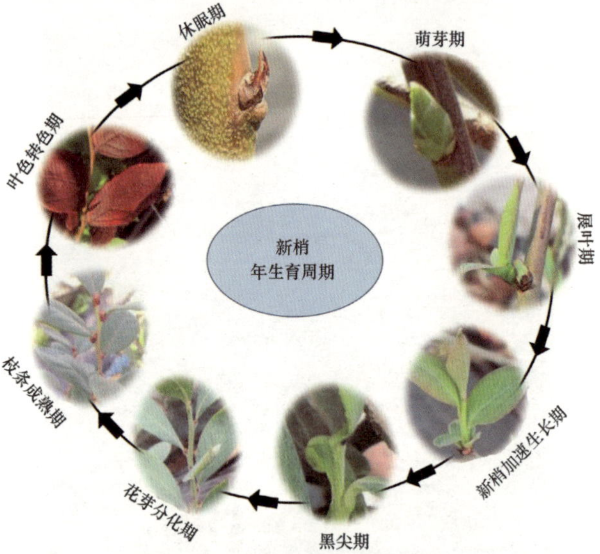

图1-44　蓝莓新梢的年生育周期

2. 果实的年发育周期

蓝莓果实从花芽分化到果实成熟先后经历花芽分化期、花芽休眠期、花芽膨大期、鳞片开绽期、花序抽生期、花蕾分离期、开花期、幼果出现期、果实着色期、果实成熟期等一系列时期，完成从花芽分化到果实采收的年发育周期（图1-45）。蓝莓一年内一般进行1次果实的发育周期，有些花芽容易形成的品种，在不同季节均能开花坐果，但一年中能用于果实商品生产的多为1次。多数蓝莓品种在果实成熟期开始就进行花芽分化，根据开花到果实成熟的时长将蓝莓分为极早熟品种、早熟品种、中早熟品种、中熟品种、中晚熟品种、晚熟品种和极晚熟品种，兔眼蓝莓品种的成熟期比其他类群的蓝莓品种一般要长45 d左右。

六、蓝莓枝条类型

目前，蓝莓生产栽培中，枝条分类方法比较多。根据枝条角度和枝条之间的关系可分为直立枝、斜生枝、水平枝和下垂枝；根据两个或多个枝条之间的相互关系划分为交叉枝、平行枝；根据枝条在树冠上着生的位置又可分为内膛枝

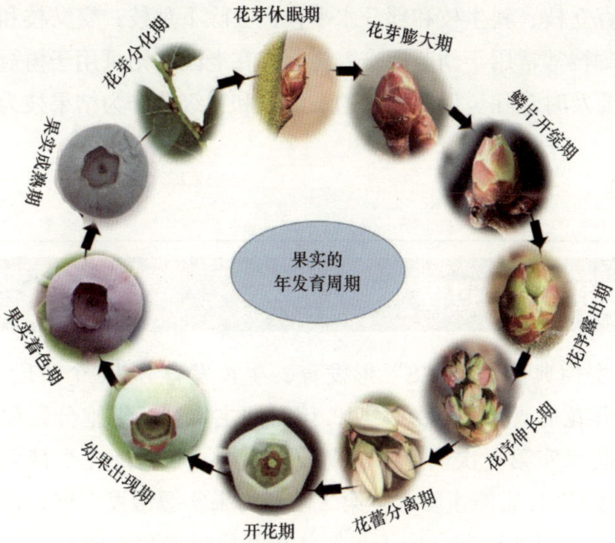

图1–45　蓝莓果实的年发育周期

和外部枝；还可根据枝条的生长势划分为健壮枝和细弱枝；根据枝条萌发位置可分为根蘖枝、基生枝（图1–46）。有时根据枝条着生位置划分为一级枝、二级枝、三级枝等，主干枝为一级枝，结果母枝一般为二级枝，结果枝一般为二级枝、三级枝和四级枝，以二级枝和三级枝居多。

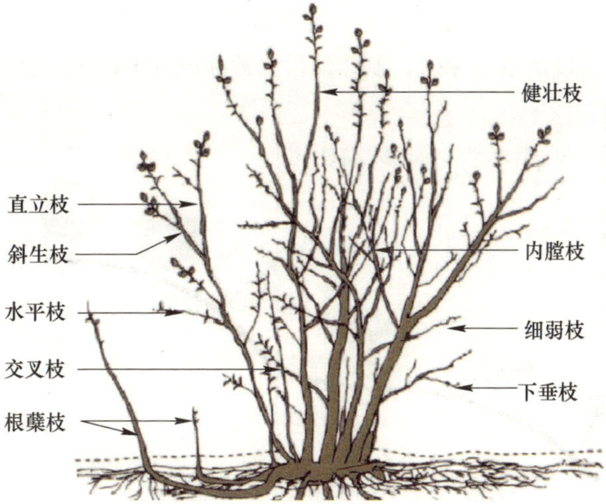

图1–46　蓝莓枝条的主要类型（原图引自玉田孝人）

在蓝莓生产栽培中，一般保留健壮枝，去除细弱枝；保留外部枝，去除内膛枝；保留直立枝、斜生枝和部分水平枝，去除下垂枝；交叉枝和平行枝要适当疏除；根蘖枝常常用于幼苗期培养树冠，在老园时则可用于树冠的更新，但成龄树时则要及时疏除。保留健壮的二级枝和三级枝作为结果枝为佳，所结果实品质较好。

七、蓝莓果实发育过程

蓝莓果实为典型的双“S”形发育，生长发育分为3个阶段（图1-47）。第一阶段为开花后青果快速膨大期，该时期主要进行细胞分裂和干物质的快速积累，也叫果实第一次快速膨大期或青果期。该时期花受精后，子房迅速膨大，约持续1个月后停止膨大。第二阶段为果实缓慢发育期，该时期主要进行种子发育，又叫硬核期。由于果实体积和质量变化不明显，又叫果实停止发育期。该时期果面呈现透明状。第三阶段为果实第二次快速膨大期，该时期主要进行细胞膨大，糖分、花青素等物质的形成，果实开始由萼片着色，逐渐扩展至整个果面由浅紫变红，最后整个果实变成蓝色或蓝黑色，展现品种具有的果实特征特性。这个时期浆果体积迅速增加，直径可增加50%，在果实固有颜色形成后，花青素等生物活性物质和可溶性固形物含量还会上升，果实大小还可以增加20%，糖含量增加，风味物质形成，因此这个时期又叫果实着色期。果实作为鲜食时，在完全成熟期进行采摘；如果是加工成果酱，则采摘不同着色程度的混合果实，制作的果酱营养成分丰富，口感较好。

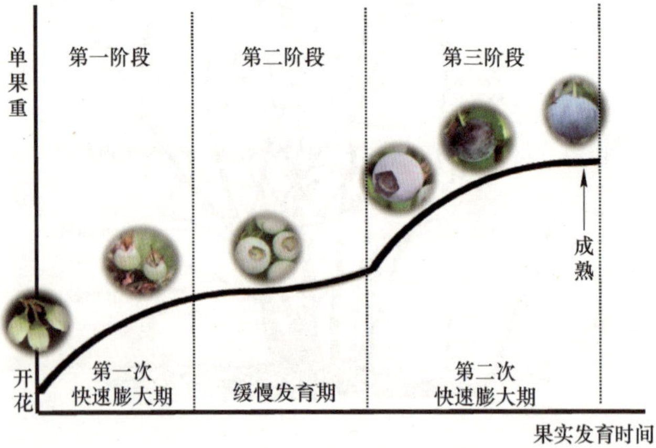

图1-47　蓝莓果实双“S”形发育示意图

八、蓝莓果实的果粉及花青素

多数蓝莓品种在果实进入着色期后，果面开始出现白色粉末，这个白色粉末称为果粉（图1–48）。果实白粉层为角质层，由脂肪酸类的聚合物构成，含有石蜡、饱和脂肪酸等，可以起到防水、保水的作用。由于果粉的存在，果实水分蒸发较少，可以延长果实的货架期，提升果实外观品相。

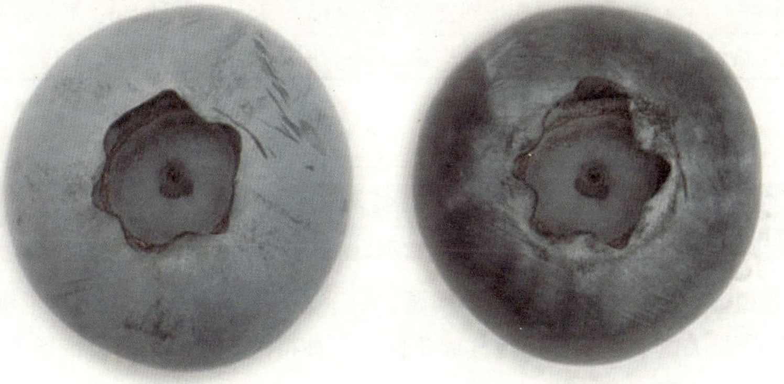

图1–48 ‘苏西蓝’品种果实保留果粉及抹除果粉状态

大部分蓝莓品种果实完全成熟时果实呈现蓝色或蓝黑色，这是果皮中的植物色素——花青素大量积累的结果。花青素主要富集在果粉下的外果皮和外果皮下的一层细胞中。不同品种花青素含量不一样，种类也有差异。一些蓝莓品种花呈粉色或红色，秋天叶变红，这也是花青素积累的结果。目前在蓝莓果实中已被确认存在15种花青素，其种类、含量因品种不同而不同。

九、蓝莓果实的熟期

蓝莓果实的熟期根据开花到果实完全成熟的发育天数来划分，分别有极早熟、早熟、中早熟、中熟、中晚熟、晚熟和极晚熟7种，具体划分详见表1–2。兔眼蓝莓品种的熟期在表1–2熟期上增加45 d，如兔眼的极早熟品种为90 d，依此类推。同一品种在不同栽培条件下熟期稍有差异，在四川省西昌市‘优瑞卡’‘H5’为极早熟品种，‘珠宝’为早熟品种，‘天后’为中早熟品种，‘奥罗拉’为中熟品种，‘卡拉’为中晚熟品种，‘阳光蓝’为晚熟品种，‘自由’为极晚熟品种。

表1-2 蓝莓果实的熟期及特性

熟期	开花至果实成熟的天数
极早熟	从开花到果实成熟小于45 d，不包括45 d
早熟	从开花到果实成熟发育时间为45～50 d，包括45 d，不包括50 d
中早熟	从开花到果实成熟发育时间为50～55 d，包括50 d，不包括55 d
中熟	从开花到果实成熟发育时间为55～60 d，包括55 d，不包括60 d
中晚熟	从开花到果实成熟发育时间为60～65 d，包括60 d，不包括65 d
晚熟	从开花到果实成熟发育时间为65～75 d，包括65 d，不包括75 d
极晚熟	从开花到果实成熟发育时间超过75 d，包括75 d

十、蓝莓栽培成功的两大要素

栽植蓝莓时，主要考虑两个问题，一个是品种选择，另一个是土壤条件。品种选择是关键，应根据当地气候条件、品种特性、生产目的及市场前景综合分析，最后确定栽培品种。

1. 品种选择

选择品种时，先了解栽培地区的气候条件，主要考虑冬季极限最低温度、夏季极限高温、日平均温度、无霜期、光照强度和光照时长等，不同的冬季低温决定了可以栽培五大品种类群中的哪个或哪几个品种群。其次考虑自身的栽培条件，进行设施栽培还是露地栽培、地栽还是基质栽培？然后根据栽培条件选择相适应的蓝莓类群及其品种。

选择的品种优先考虑品种的冬季低温需冷量、耐低温和耐高温的极限程度、熟期、无霜期长短。如我国北方黑龙江省、吉林省、辽宁省等地区栽培蓝莓，需根据冬季-20～30 ℃低温和120～200 d的无霜期，优先考虑栽培矮丛蓝莓、半高丛蓝莓或北高丛蓝莓品种，具体品种根据栽培区域可以选择‘美登’‘北村’‘北陆’‘北蓝’‘瑞卡’‘爱国者’‘都克’‘自由’‘蓝丰’和‘布里吉塔’等品种；若在南方的云南省、贵州省、四川省凉山州等温暖区域栽培蓝莓，则要结合当地不同海拔高度、气候条件，先考虑无霜期、冬夏季节极限高低温，再选择栽培类群和品种。如在四川省凉山州西昌地区栽培（海拔约1 500 m），可以选择南高丛蓝莓品种和兔眼蓝莓品种，如‘优瑞卡’‘珠宝’‘追雪’‘苏西蓝’和‘灿烂’等品种，不宜选择北高丛蓝莓品种‘达荣’‘德来珀’等品种，否则生产栽培上容易出现低温需冷量不足的问题。而在四川省凉山州昭觉县2 500 m以上高海拔地区栽培则宜考虑选择耐寒性较强的北高丛蓝莓品种，如‘奥扎克蓝’‘瑞卡’‘都克’等品种。‘布里吉塔’和‘绿宝石’等品种容易出现新梢越冬抽条、晚霜危害等问题。

2. 土壤条件

目前蓝莓栽培主要有两种类型，一种是基质栽培，另一种是地栽（图1–49）。如果采用基质栽培，土壤全部为调配好的专用基质，不用考虑品种的土壤适应性、肥水条件等问题，直接从供应商处采购蓝莓的专用基质即可。如果是地栽，则要考虑栽植区域土壤的pH、土壤的沙性或黏性、透气性、比重和容重，包括不同的气候条件等，来选择适宜的蓝莓类群及其品种。蓝莓喜欢酸性土壤，pH在4.3～5.5时最佳，有机质含量要大于5%，最好在8%～15%，土壤通风、透水、通气性较强，容重较低。因此，大部分蓝莓地栽时，都需要进行土壤改良，一般采用硫黄粉、珍珠岩、草炭等调节栽植行的酸碱度、有机质含量和土壤通透性，以满足蓝莓正常生长发育的条件，促进植株的生长发育。栽植园选址时，也可以以蕨菜、野生蓝莓（笃斯越橘、红豆越橘、乌鸦果等）为指示作物，作为适于蓝莓栽培区域或适宜土壤条件的评判标准之一，最后进行综合的筛选。

图1–49　蓝莓的基质栽培和地栽

十一、蓝莓类群及其特征特性

选择蓝莓品种时，优先考虑栽培品种，目前蓝莓栽培品种有5个类型，分别为兔眼蓝莓、北高丛蓝莓、南高丛蓝莓、半高丛蓝莓、矮丛蓝莓。不同蓝莓类群植株的特征特性及适应性差异较大（表1–3），矮丛蓝莓的果实主要用于加工，兔眼蓝莓的果实多数用于加工，高丛蓝莓的果实主要用于鲜食。

表1–3 不同蓝莓类群植株特征特性及适应性

类群	株高 /m	耐低温 /℃	耐高温 /℃	低温需冷量 /h	适宜的土壤 pH
兔眼蓝莓	＞3	＜-5	45	350 ～ 700	3.9 ～ 6.1
南高丛蓝莓	2 ～ 3	＜-10	45	100 ～ 600	4.0 ～ 6.0
北高丛蓝莓	1 ～ 3	＜-30	＜35	800 ～ 1 200	4.5 ～ 5.8
半高丛蓝莓	0.6 ～ 1	＜-35	＜32	＞800	4.3 ～ 5.5
矮丛蓝莓	0.5	＜-40	＜30	＞1 200	4.0 ～ 5.8

十二、蓝莓品种的栽培特性

栽种蓝莓时，应重点考虑品种的树体特性、果实品质、熟期和适应性等综合问题。树体的强弱决定其栽植株行距和整形修剪方式。一般情况下，树体高大、树势强的品种栽植密度要小，株行距较大，宜采用重修剪方法；树体小、树势弱的品种栽植密度较大，株行距较小，主要采用疏枝修剪方法；树冠开张的品种宜重剪，而直立的品种宜轻剪来扩大结果面积。

蓝莓果实品质中，果实大小是品种选择最主要的特性，以鲜果生产为栽培目的时，宜选择大果品种。果实大的品种，容易获得高产，且鲜果采收成本相对较低。蓝莓全果覆盖较厚的果粉，呈现悦目蓝色或亮蓝色，在鲜果市场极受欢迎，贮藏保鲜期也较长。此外，果蒂痕大小及干湿程度也是鲜果生产中品种选择的重要标志之一。果蒂痕是果实水分蒸发的部位，同时也是裂果和易产生病菌的部位。果蒂痕大且湿的品种采收时，容易撕裂果皮，从而影响贮藏性。因此，鲜果生产时，要选择果蒂痕小且干的品种。果实质地软硬影响其贮运性，以鲜果远销为目的时，宜选择硬度较高的品种；本地市场销售时，可选择质地稍软的品种；以加工为目的时，可选择质地软、糖酸比适中且果皮厚的品种。在鲜食市场中，糖度高、酸度低的品种较受欢迎。

此外，熟期的早晚和成熟期是否一致也是需要着重考虑的一个因素。果实的上市时间决定着鲜果的销售价格，涉及经济效益，是种植者能否获得较高经济收益的决定性因素之一。最后还要从果实是否有裂果、是否耐旱以及抗病力强弱等综合方面考虑。

十三、蓝莓整形修剪基本方法

蓝莓栽培过程中，整形修剪的作用是多方面的。最主要的作用是培养和调整骨干枝，以便于形成良好的树体，来负载较高的产量，让树冠内各类枝条都有充分生长发育的空间，合理地解决株间和树冠内部的光照，创造高产、稳产、优质的植株树体状态。同时修剪时，除去无效枝和病弱枝，起到调整树冠疏密，使之通风透光，减少病虫害发生和养分消耗，从而提高果实品质的目的，达到有机种植；此外，修剪时利用顶端优势，还可起到刺激和平衡新梢生长和果实发育之间关系的作用。蓝莓修剪主要借助的工具见图1–50。

图1–50　修剪工具（从左到右依次为锯子、剪枝剪、疏花疏果剪、嫁接刀）

在栽培过程中，如果过分强调树形，反而违背植物自身的生长发育规律，因此，蓝莓栽培过程中可保持其本身自然形成的圆球形树形，只需要进行适当的修剪即可。蓝莓的修剪可以在一年四季进行，但不同时期的修剪对蓝莓的影响不同，根据修剪的时期不同，分为休眠期修剪和生长期修剪。

图1–51　休眠期修剪

休眠期修剪指落叶品种从秋冬落叶后至春季萌芽前，或常绿品种从晚秋枝梢停止生长至春天开花前进行的修剪。此时树体内养分大部分贮藏在茎干和根部，修剪造成的养分损失较少（图1–51）。休眠期修剪适于成龄树和衰弱树，可以

图1-52 生长期修剪

起到延迟开花，平衡树体营养的作用。

生长期修剪（图1-52）指春季萌芽后至落叶品种秋冬落叶前，或常绿品种在晚秋枝梢停止生长前进行的修剪，这个时期的修剪也叫生长季节修剪。这个时期修剪的主要目的是短截旺枝，促进分枝，疏除枝条，防止树体生长过旺。同时，生长期修剪，疏除过密大枝组和细弱枝，能改善光照条件和提高内膛的枝芽质量，起到调节来年花期的作用。生长期修剪对幼树、旺树比较适宜，可起到增加分枝数量、扩大树冠、增加结果枝数量等作用。生长期修剪根据修剪季节分为春季修剪、夏季修剪和秋季修剪，种植者可以根据修剪的目的在不同季节进行修剪。

春季修剪主要是复剪、除萌、疏花抹芽等（图1-53）。花前复剪在露蕾至开花期进行，通过修剪调节花量，补充冬季修剪的不足。除萌是在叶芽萌动后，及时去除成龄树植株的基部萌发基生枝或萌蘖枝。疏花抹芽是指在现花序或花蕾分离期，及时进行疏花和抹芽修剪，以集中养分，提升果实品质。

图1-53 春季修剪（疏花抹芽）

夏季修剪常常在果实采收后进行，修剪的关键在于“及时”，修剪时间越及时，分枝数量越多，其长度越长，可以促进分化出更多的花芽。夏季修剪由于是带叶修剪，养分损失较多，对树体生长抑制作用较大，故修剪要从轻，使用较多的修剪方法是摘心和轻短截（图1-54）。

图1–54　夏季摘心和轻短截修剪

秋季修剪以剪除过密大枝为主，此时树冠稀，密度容易判断，修剪程度容易掌握。秋季修剪在幼树、旺树和郁闭树上应用较多，可以起到改善光照条件，提高内膛的枝、芽质量的作用（图1–55）。

蓝莓的修剪时间影响着植株来年的开花时间，可以起到调节花期的作用。在一些有倒春寒或较寒冷的地区，进行采果后修剪，一般可将来年开花时间后延1周，能起到避免晚霜危害的作用。秋季温度较高、在秋季能继续萌发新梢进行生长的地区，进行采果后修剪，反而容易在冬春季节造成大部分或全部秋梢产生冻害，花芽形成困难或花期受晚霜危害（图1–56），或造成花冠干枯或脱落等。因此，在热带、亚热带或温暖地区种植蓝莓时不建议采果后进行修剪，以避免秋梢大量萌发，发生晚霜危害。

图1–55　秋季大枝组疏剪

蓝莓基本修剪方法有长放、疏枝、短截、回缩、摘心、抹芽、拉枝、平茬、烧剪等，生产上可通过各种修剪方法之间的互相配合，充分利用枝条特点及其修剪反应，达到持续丰产、稳产、优质和高效的目的。蓝莓是丛生灌木，修剪以疏枝为主，短截为辅，具体修剪方法如下。

1. 长放

长放，也叫缓放，是指对一年生枝条不进行修剪，其主要作用是缓和树

图1-56　蓝莓晚霜危害

势、调节枝叶量。长放是幼树快速成型和对成年树结果枝组更新培养的基本手法（图1-57）。缓放的枝条一般为斜生或水平枝条，对于直立枝一般不采用缓放方法。单株枝条的缓放数量由品种、树冠内部空间以及枝条量决定。长放用在生长势强的枝条上，其顶端可以形成质量较好的花芽，结一串至几串果实，其下部可以萌发较多的长势中庸的新梢。幼树上一般不采用缓放，否则会造成顶端开花结果，不利于树体的培养。

2. 疏枝

疏枝是蓝莓修剪中除长放外用得最多的一种修剪方法（图1-58），是指把一年生枝从基部剪除，包括将整个基生枝从近地面剪除或将主枝上的生长势衰弱的多年生枝剪除，或将过于拥挤的侧枝从基部剪除，主要用于疏除树冠内过密枝、细弱枝、并生枝、病虫枝等。疏枝可以改善树体的通风透光条

图1-57　长放修剪

图1-58　蓝莓休眠期疏枝

件，减缓顶端优势，均衡树势，减少营养消耗，改善保留枝条的生长发育条件，从而达到提高果实品质，丰产稳产的目的。蓝莓疏枝主要有2个时期，一个时期是蓝莓果实采收后，及时疏除结果枝；第二个时期是休眠期，疏除细弱枝、病虫枝、过密枝等。疏枝时剪口一定要平滑，不能留桩（图1–59），否则极易造成伤口不愈合，成为病菌和虫卵的温床，造成病虫害的滋生。

图1–59　错误的疏枝手法——留桩

3. 短截

短截是指剪去一年生枝的上部分枝芽的修剪方法（图1–60）。短截对剪口下方的芽有刺激作用，距剪口越近，剪口下方抽生的新梢生长势越强。

蓝莓短截可以在休眠期进行，也可以在生育期进行。在休眠期进行短截修剪，其目的是去除花芽，促进营养枝的生长；而在生育期短截，目的则是增加新梢萌发数量，扩大树冠。短截时在剪口下方0.5～1.0 cm处留芽，以促进下部新梢的生长，促进剪口愈合。根据短截长度，短截可以分为轻短截、中短截、重短截和极重短截4种（图1–61）。

轻短截指剪去一年生枝全长的1/3以下，这种修剪在夏季修剪时利于缓和树势，削弱顶端优势，提高萌芽率和抽枝率。夏季轻短截后抽生2～3个侧枝，侧枝上能够形成质量较好的花芽，利于产量提高，在蓝莓成年树上轻短截使用较多，可起到稳定和维持产量的作用。若在休眠期进行轻短截，则利于调整植株的结果数量，提高果实品质。中短截是剪去一

图1–60　蓝莓休眠期枝条短截

年生枝全长的1/2左右。中短截后成枝率强于轻短截和重短截，平均成枝量为5～6个，利于维持顶端优势，使新梢生长健壮。蓝莓幼树休眠期修剪时，应用较多的是中短截，可促进成枝量，培养大树冠。重短截是指剪去一年生枝全长的1/2～2/3的修剪方法，可以平衡树势、培养主干以及主干上的枝组，形成顶端优势，促进强壮枝的萌发。重短截后一般可以萌发2～3个健壮侧枝，成枝量中等，一般用于幼树定植后对直立枝进行重短截来培养主干枝，且可以根据品种特性确定植株高度。极重短截是指剪去一年生枝全长4/5以上的修剪方法，在枝条基部只留一小节的方法。这种修剪方法主要针对长势过旺的枝条，采用这种修剪方法，在削弱枝条长势的同时，还可以防止树冠扩大外延，蓝莓上这种修剪方法用得极少。

图1-61　蓝莓不同程度的短截

4. 回缩

回缩是将多年生枝条剪去一部分的修剪方法，与短截的区别为回缩的剪口在多年生枝条上（图1-62）。回缩修剪对剪口后部的枝条生长和隐芽萌发有促进作用，其刺激生长的具体表现与剪口上部和下部的枝组长势有关。如果剪口下端没有其他大型枝组，或有长势较弱的枝组，回缩造成剪口下一定范围内的隐芽会因刺激而萌发成为强旺枝；如果剪口以下的枝组长势较强，而被剪掉的枝组已经衰弱，则不会刺激产生大量强旺枝，仅会在一定程度上促进剪口下方枝、芽的生长。

回缩修剪的促进作用与回缩的轻重程度有关，缩剪适度，会促进枝组生长。该方法主要用于结果枝组的复壮和骨干枝的增粗更新，也可通过回缩调节各枝组的空间位置。回缩修剪主要在休眠期或果实采收后进行，一般用于盛果期和老龄期蓝莓园。但对粗大枝条进行回缩时，需要对剪口进行杀菌和保护，以免剪口处出现病害，影响植株生长，衰弱树势。

5. 疏花抹芽

疏花抹芽是指去除蓝莓枝条上的花芽、花序、花蕾或者花朵的一种修剪方法（图1–63）。一般对幼树或花芽过多的成年植株进行疏花，目的是控制花芽数量，减少养分消耗，调整植株负载量、平衡树势。幼树挂果过多会造成树体成型慢，进入盛果期延迟，因此要及时疏除幼树的花，促进植株生长发育。成年树挂果过多，容易造成大小年，果实品质差，树体衰老快。因此，对成年树适当去除顶端花芽，有利于果实的发育和果实品质的提升，利于生产优质果品。花芽量大时，若花果全部保留，有时不但不能增加产量，反而会造成减产。因为花果量大时，营养枝萌发量少，长势弱，营养生长和生殖生长不平衡，一方面容易造成下一年花芽形成量减少，花芽质量不高，减少来年的产量；另一方面，当年的叶果比失调，果实生长缺乏营养，果实的质量得不到保证。因此，成年树抹去过多的花芽是必要的栽培措施，目的是调节营养均衡和控制通透条件。疏花抹芽修剪方法主要应用于‘灿烂’‘蓝丰’等花芽量大、坐果率较高的品种。疏花抹芽可以在两个时期进行，第一个时期在

图1–62　蓝莓回缩修剪

图1–63　蓝莓幼树疏花抹芽

萌芽前，根据每个枝条的花芽数量，除保留下部3～5个花芽外，将上部分带顶花芽的枝条短截，这个修剪方法可以延迟花期约1周，可有效躲避晚霜，防止花芽受害；另一个时期在萌芽至开花时段内进行，根据晚霜的早晚，保留一个枝条4～6个花序。有晚霜危害的地区，抹除结果枝顶端的花芽；没有晚霜危害的地区，抹除枝条下方未伸出的花序或未开绽的花蕾，可以提早开花并提前1周左右采收。

6. 摘心

摘心俗称打顶，是一种摘除新梢顶端或顶芽的修剪方法。摘心可以促进分枝，增加枝叶量，缓和树势，还可起到加粗枝蔓生长的作用（图1–64）。蓝莓摘心一般在新梢生长发育旺盛的时期，主要针对直立生长枝进行，根据树冠高度和空间，一般长到30～50 cm后进行摘心。幼树定植后，若枝蔓萌芽成枝力弱，则在主干枝生长到30 cm以上后进行摘心，可促进新梢萌发，如‘瑞卡’品种，可在春夏季节摘心，增加分枝数量。

图1–64　蓝莓新梢摘心及其反应

7. 平茬

平茬是指将贴近地面的植株地上生长部分全部剪除的一种修剪方法（图1–65）。平茬修剪在蓝莓上主要用于矮丛蓝莓和衰老期的植株更新复壮。平茬更新后，会从基部萌发新枝，更新当年不结果，但之后几年里可获得较好的产量。目前在南方温暖地区和亚热带区域定植南高丛蓝莓类群时，在幼苗定植后常常进行平茬以促进基部萌发健壮的基生枝，用来培养植株主干。

图1-65 矮丛蓝莓品种‘美登’平茬修剪

十四、低温需冷量及高低温伤害

落叶果树解除自然休眠所需要的有效低温时间称为果树的需冷量，又称为低温需求量或低温需冷量，是自然休眠过程中有效低温的累计量化指标，也是进入下一个生长发育阶段的必经环节。进行蓝莓栽培，满足其植株的需冷量从而顺利通过自然休眠，是栽培成功的首要条件。需冷量的高低由遗传性特性决定，不同蓝莓类群和品种的需冷量差异显著。

蓝莓自然休眠需要在一定的低温条件下，经过一定长短的时间才能通过，生产上通常用植株在自然休眠期内0～7.2 ℃的有效低温的累计时数计算，称之为蓝莓的“低温需冷量”。大部分蓝莓植株达到正常开花结果的需冷量一般为300～1 200 h。高丛蓝莓、半高丛蓝莓和矮丛蓝莓需要800 h以上低于7.2 ℃的冬季低温条件，才能确保来年植株的正常生长和发育，以超过1 000 h为佳，南高丛蓝莓一般需要150～600 h的低温需冷量即可，兔眼蓝莓则需要350～650 h的低温需冷量才能满足其生长发育（表1-4）。

表1-4 常见品种低温需冷量（0-7.2 ℃/h）

北高丛蓝莓		南高丛蓝莓		兔眼蓝莓	
品种	低温需冷量	品种	低温需冷量	品种	低温需冷量
‘泽西’	1 060	‘绿宝石’	200～400	‘乌达德’	350～400
‘迪克西’	950	‘库帕’	400～500	‘蓝宝石’	450
‘茄贝尔’	800	‘珠宝’	200	‘蓝铃’	450
‘双丰’	400	‘莱格西’	600	‘顶峰’	650
‘奥罗拉’	800～1 000	‘薄雾’	100～300	‘巴尔德温’	450～500
‘晚蓝’	＞1 000	‘奥尼尔’	400～500	‘巨丰’	750
‘蓝丰’	＞1 200	‘阳光蓝’	150 h	‘奥斯汀’	450～500
‘德雷珀’	＞1 000	‘新千年’	300～350	‘顶峰’	400
‘都克’	＞1 200	‘夏普蓝’	150	‘巨丰’	500
‘埃利奥特’	＞1 000	‘温莎’	350～500	‘粉蓝’	550～600
‘蓝金’	＞800	‘苏西蓝’	400～500	‘梯芙蓝’	600～700
‘蓝塔’	＞800	‘棕榈’	400～500	‘杰兔’	550
‘布里吉塔’	＞1 000	‘法新’	300	‘森图里昂’	600
‘早蓝’	＞1 000	‘优瑞卡’	100	‘泰坦’	500～550
‘爱国者’	＞1 000	‘天后’	200	‘布莱特蓝’	600
‘瑞卡’	＞800	‘追雪’	100～200	‘灿烂’	400～450
‘陶荣’	＞1 000	‘春高’	200	‘沃农’	400～500

蓝莓在自然休眠过程中，若低温需冷量不足，容易造成植株叶芽萌发延迟、开花不整齐，甚至出现枯死的现象（图1-66）。蓝莓花芽的需冷量比叶芽需求少，花芽形成且满足开花条件时，大多数蓝莓品种的叶芽还没有打破休眠。不同温度对不同品种形成花芽数量、花芽质量有着较大的影响，如矮丛蓝莓在25 ℃时形成花芽的数量超过15 ℃形成的花芽数量。此外，昼夜温差大小也会影响花芽形成的质量。生产中若出现果实进入膨大期，但新梢不萌发或萌芽率、成枝率极少的现象则说明该品种在此地区其叶芽的低温需冷量不足，不适于在该地区种植。蓝莓正常生长发育需要有适宜的温度，其营养生长的最适宜温度为13～30 ℃，大部分南高丛蓝莓和兔眼蓝莓品种生长季节可以忍耐35～45 ℃的高温，高丛蓝莓和矮丛蓝莓仅可以耐受30～40 ℃高温，超过高温范围，会造成根系水分吸收障碍而引起植株发育不良。矮丛蓝莓在10～21 ℃时，

气温越高，生长越旺盛，生长量增加，果实发育也较好，在18 ℃时生长发育较快，产生根茎较多，夏季低温容易影响矮丛蓝莓的生长和发育。但当气温低于3 ℃时，植株地上部分的生长发育停止。大部分的高丛蓝莓品种在休眠期可以耐受-25 ℃低温，深度休眠的状态下可耐-30 ℃低温，半高丛蓝莓可耐-35 ℃低温，矮丛蓝莓的抗低温能力最强，能抵抗-40 ℃。

图1-66 ‘库帕’蓝莓品种叶芽低温需冷量不足的表型

生产栽培中，蓝莓极易发生晚霜危害，影响花、芽和幼果的生长发育。蓝莓在花芽膨大期可耐-6 ℃低温，当鳞片脱落后遇到-4 ℃低温就可造成花芽冻死。花朵分离但还未开花时遭遇2 ℃低温，就可造成花蕾冻死。开花时，0 ℃低温就会造成花冠变褐、脱落，雌蕊和子房变成暗棕色（图1-67）。气温低于5 ℃或高于35 ℃都会对花粉萌发和花粉生长不利，容易造成坐果不良，果实发育不佳。

图1-67 晚霜造成花和幼果伤害

十五、栽植土壤条件及土壤改良

相对于其他果树，蓝莓对土壤条件的要求比较严格，不适宜的土壤条件会导致栽培失败。蓝莓理想的栽植土壤是土质疏松、通气良好、湿润、有机质含量高的强酸性沙壤土、沙土或草炭土。在钙质土壤、黏重板结土壤、干旱土壤及有机质含量低的土壤上栽培蓝莓，如不进行土壤改良将会导致栽培失败。

土壤pH是影响蓝莓能否成功的最重要的土壤因子。蓝莓根系不耐涝，不耐盐碱，喜欢酸性土壤，在土壤pH为4.0～5.0时蓝莓植株生长发育良好，在pH为4.3～4.8时最佳。当土壤pH超过5.5时会导致植物缺铁失绿，生长量和产量下降，pH超过6.0时，一些蓝莓品种就会死亡。在适宜的土壤pH范围内，植株生长旺盛，产量增加，成熟期较一致。pH过低，则会出现金属元素吸收过量的中毒现象，表现为叶缘焦枯，甚至死亡。因此，栽种蓝莓时一般需要先测定土壤酸碱度，进行土壤的pH改良。

生产中栽植蓝莓时一般采用硫黄粉来调节土壤酸碱度，但硫黄粉作用缓慢，一般需在定植前1～3个月施用调整。露地大面积栽培时，需要对全园土壤进行pH调整，硫黄参考用量见表1-5。若进行基质盆栽，使用硫黄粉调整pH的方法为：土壤每下降1个pH，每立方米基质施用100 g硫黄粉。

表1-5　调节pH至4.5时的硫黄粉施用量　　kg/hm^2

土壤原始 pH	土壤类型		
	沙土	壤土	黏土
5. 0	197	597	900
5. 5	394	1 181	1 800
6. 0	570	1 732	2 600
6. 5	743	2 273	3 400
7. 0	945	2 875	4 300
7. 5	1 125	3 420	5 130

注：引自郭俊英。

蓝莓种植在需要酸性土壤的同时，还要求土壤有机质含量高，土质疏松，具有良好的透气性和保水性。蓝莓是浅根系植物，在黏重土壤上根系生长缓慢，容易造成生长不良。在有机质含量低且土壤黏重时，土壤结构较差，通气不良，排水性差，会造成蓝莓植株生长缓慢或发育不良。而在钙质土壤或pH

较高的土壤中种植蓝莓，极易发生缺铁失绿症状。这就造成在土壤改良过程中会大量使用草炭土或腐殖土，同时还会加入珍珠岩、锯末、松针等来提高土壤透水透气性、增加有机质含量，以保证蓝莓植株的正常生长发育。但基质栽培中大量使用草炭土或腐殖土，易造成春季地温上升慢，植株生长延缓，秋季地温下降慢，延缓植株休眠，在低温地区容易引起枝条发育不成熟，造成越冬抽条，所以基质栽培时最好选择在设施条件下进行，以利于基质温度的稳定和调控。

小知识

自制土壤pH调节物

在小面积的蓝莓种植中，除使用硫黄粉来调节土壤pH外，还可以利用西红柿、葡萄等农产品自制成pH调节物。在西红柿园的生产末期，清园采集六成熟以上的西红柿果实放入塑料桶内捣碎，置于20～25 ℃自然条件下发酵4～5 d，过滤获得的悬浮液pH一般为3.5～4.0，将其用水稀释10倍后pH为4.5～5.0，稀释的悬浮液可作为调节蓝莓土壤pH的调节液（图1-68）。此外，也可以用苹果、葡萄、草莓等果实制备pH调节剂，但不能直接采用含果肉的溶液，否则会成为病虫的温床，造成病虫害高发。同时像沙棘、葡萄等浆果类果实发酵的原汁pH一般为3～4，将发酵后获得的悬浮液稀释到pH为4～5后再用于浇灌蓝莓植株，可以有效解决土壤的pH过高问题。

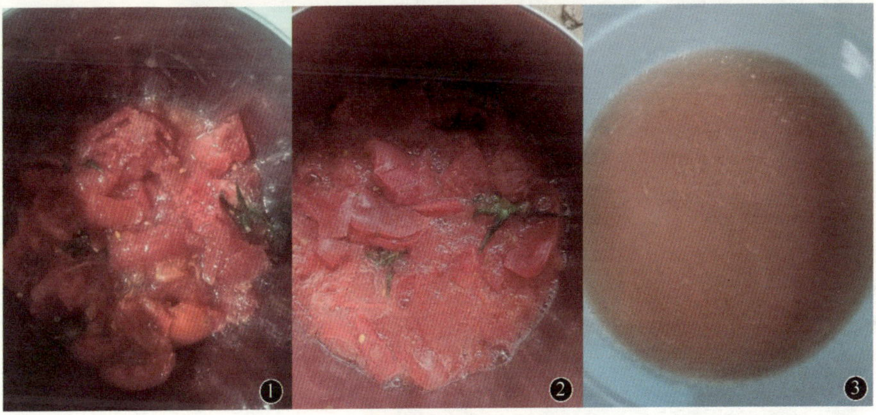

图1-68　自制西红柿pH调节物流程图

①捣碎西红柿；②通风发酵4～5 d；③稀释成10倍的悬浮液

十六、蓝莓对水分的要求

水是蓝莓栽培中的重要组成部分。蓝莓喜水怕涝，喜欢土壤湿润，稍抗旱，生产栽培中需要充足的水分的同时，在雨季水分过大时还需要进行排水。蓝莓的根系主要分布在20～30 cm的表土层中，吸收能力较弱，无法有效吸收土壤深层的水分，需要人为地进行水分供给。土壤中水分含量不足，对植株的生长发育影响较大，会出现干旱胁迫。干旱胁迫最初的反应是叶片变红，随着进一步干旱，叶片变红加重、变薄、焦枯，甚至脱落，枝条生长细弱，甚至死亡。生长季节遭遇干旱时，枝条细弱，会影响花芽分化，坐果率降低，影响产量，当严重干旱时，极易造成枯枝甚至整株死亡。采用基质栽培时，若管理不当，极易出现缺水干旱症状，因此需要少量多次灌溉（图1–69）。

图1–69 蓝莓品种‘苏西蓝’中度干旱时红叶

蓝莓在萌芽前、开花前、果实膨大期、落叶休眠期这4个时期需水量较大，需要多浇水、浇透水。目前栽培中最常用的灌溉方法为滴灌，水分利用率高，流失少，但需要对灌溉用水进行净化，且需要经常维护滴头，以免造成堵塞（图1–70）。蓝莓灌溉用水比较理想的水源是地表池塘水、水库水，其次是地下水，而深井水往往pH过高，且Na^{+}、Ca^{2+}含量

图1–70 蓝莓滴灌滴头维护

较高，长期灌溉会影响蓝莓的生长和产量。

十七、蓝莓对肥料的要求

蓝莓为寡肥植物，需肥量少，应根据土壤养分情况和叶片营养状态综合分析后确定施肥种类及施肥用量。相对于化肥，有机肥营养齐全、微生物种类丰富、盐分低，更利于蓝莓生长发育。有机肥中，腐熟的牛粪、饼肥、堆肥等要优于鸡粪。跟硝态氮比，蓝莓植株更喜欢铵态氮，但对含氯的肥料比较敏感，施肥时宜选用硫酸铵、磷酸二铵、硫酸钾、磷酸二氢钾、硫酸镁等偏酸性、不含氯的肥料。

蓝莓种植的年生长周期中有4个施肥时期，分别是萌动期、青果期（果实第一次膨大期）、果实着色期（果实第二次膨大期）和果实采收结束期。这4个施肥时期，每个时期使用的肥料用量有所不同（表1-6）。除这4个时期外，其余时间若是植株没有表现出缺肥症状，可尽量少施肥；在无霜期200 d以上地区，为培养健壮树体，常在果实采后进行极重短截，采取这种栽培管理方式的地区，则可以在这个时期少量补充肥料。施肥时，不同树龄单株的施肥量也不同（表1-7）。青果期和果实着色期追肥时施用配制的有机肥效果较佳。

表1-6　露地蓝莓栽培滴灌肥料主要成分比例　g/（株·周）

施肥时期	肥料类型	N	P	K	Mg
萌动期	高氮型	2.5	1.2	1.2	0.1
青果期（果实第一次膨大期）	平衡型	1.2	1.2	1.2	0.1
果实着色期（果实第二次膨大期）	高钾型	1.5	1.2	2.4	0.1
果实采收结束期	高氮肥	2.5	1.2	1.2	0.1

表1-7　不同树龄蓝莓单株施肥量　g/株

树龄	萌动肥	膨果肥	着色肥	采后肥
1 年	100	50	50	50
2 年	140	70	70	70
3 年	180	90	90	90
4 年	200	100	100	100
5 年	220	110	110	110
6 年以上	240	120	120	120

十八、植株地表覆盖管理

我国最开始进行蓝莓栽培时，为了有效控制杂草与树体之间的养分竞争，土壤一般采用清耕管理（图1–71）。生育期清耕能有效控制杂草与树体之间的养分竞争，促进树体发育，但由于蓝莓根系主要分布在浅表土层，清耕容易损伤植株根系，削弱树势。

随着我国蓝莓栽培面积的不断扩大，对其栽培技术的研究逐渐深入。目前认为，蓝莓生产栽培中，地表采用覆盖管理对蓝莓的生长发育有促进作用。研究表明，矮丛蓝莓品种‘美登’在地表覆盖5～10 cm厚的锯末后，单果重可增加50%，3年内产量可提高30%，尤其以容易腐解的软木锯末为佳（图1–72）。蓝莓栽植行地表覆盖植物材料后，蓝莓根系在腐解的土壤中发育良好，根系水平扩展，扩大了根系吸收面积，促进了植株生长和产量的提高。覆盖栽培可以有效增加土壤有机质含量、改善土壤结构、提高土质疏松程度、改善土壤透气性、调节土壤温度、维持土壤湿度、有效降低土壤pH、抑制杂草生长。

图1–71　蓝莓清耕栽培

图1–72　地表锯末覆盖栽培

目前，生产中覆盖材料应用最多的是锯末和松针，覆盖厚度一般以10～15 cm为宜，可每年补充覆盖3～5 cm，以保持原有厚度。除锯末和松针外，粉碎的稻草、秸秆等植物残体均可使用，但在覆盖物中不能混有土壤，以免产生轻度发酵，增加地温，造成根系高温伤害，若覆盖锯末、松针等植物材料后再加盖园艺地布，效果会更好（图1–73）。

为了降低蓝莓的栽培成本，我国大面积的蓝莓生产园目前都采用园艺防草布作为覆盖的主要材料。覆盖园艺防草布时要注意不能出现透风、移位、透光等现象，否则会降低防草布的使用效果。使用过程中要及时检查、加固，以免被风吹起。覆盖园艺防草布具有以下功能：①保墒、免耕、增肥和防止或减少病虫害为害；②抑制杂草生长；③提高地温；④保持土壤湿润，减少浇水次数；⑤改善土壤团粒结构及应用，增加土壤养分。

图1-73　松针和园艺防草布的覆盖

十九、蓝莓优良品种的要素

种植优良蓝莓品种是优质、高产的基础，所选品种应具备丰产性、优质性和安全性。丰产性包括适应性广，抗逆性强，易栽易管，易高产；优质性指果实品质较好，有漂亮的外观和优异的品质，能够获得消费者青睐；安全性指栽培过程中不可预见的污染不会影响果实的食用安全。随着大量蓝莓新品种的出现，应理性地选择适宜的品种，而不盲目追求新品种，应根据不同地区蓝莓发展的需求，选择适于当地气候土壤条件的品种进行种植。适合当地的主栽品种应具备以下标准。

（1）果实大，单果重2.0 g以上，果粉厚且白，果蒂痕小，采收时果实和果柄易分离，果肉硬度高，耐贮运。

（2）果实风味佳、香味浓郁、酸甜适口、糖酸比适宜。

（3）对气候、土壤适应性强，抗逆性强。

（4）丰产性好，果实发育时间短，自花结实率高。

图1-74为蓝莓优良品种‘优瑞卡’。

图1-74　蓝莓优良品种‘优瑞卡’

二十、土壤含水量的判断方法

蓝莓喜欢水分，但怕涝，因此在蓝莓栽培中，如何判断土壤含水量成了栽培中的关键问题和关键技术。简单判断方法和步骤如下。

（1）去掉3～5 cm厚的表层土，徒手抓起5 cm深处的土壤，握在手心（图1–75）。

图1–75　土壤选择及取土样

（2）将土壤握在手心里用力握紧成团，土若成团且能挤出水分，松开手后土团可抖散，表示土壤中的含水量适宜，适于植株生长发育（图1–76）。

图1–76　土壤水分适宜（土壤成团出水、土团可抖散）

（3）如果土壤握成团后挤压不出水分，则表示土壤已经处于缺水状态，需要及时补充水分（图1–77）。

二十一、土壤pH简易测定方法

适宜的土壤pH是蓝莓栽培成功的重要因素之一。蓝莓在土壤pH为 4.3～4.8 的土壤中生长发育最佳，pH在4.0～6.0时，生长量和产量随着pH上升而下降，在pH为6时，部分植株死亡。因此在栽植前和管理过程中，定期测定蓝莓栽植土壤的pH，是蓝莓栽培和生产管理的常规技术，也是必备技术。常见的田间简易测定方法如下。

（1）准备待测土样、纯净水或蒸馏水、量筒或烧杯、镊子、吸管等器皿以及pH试纸等材料（图1–78）。

图1–77　土壤握成团不出水表示缺水

图1–78　pH测定前准备材料

（2）在量筒中加入2.5 份体积的纯净水或蒸馏水　若使用50 mL量筒则放入25 mL纯净水。加水时先倒入约20 mL纯净水，然后用吸管往量筒中滴入纯净水，加至25 mL处停止（图1–79）。

（3）往量筒的蒸馏水中加入1份体积的土壤样品　在量筒里25 mL纯净水中，用镊子轻轻加入10 mL土样，使刻度达到35 mL处（图1–80）。

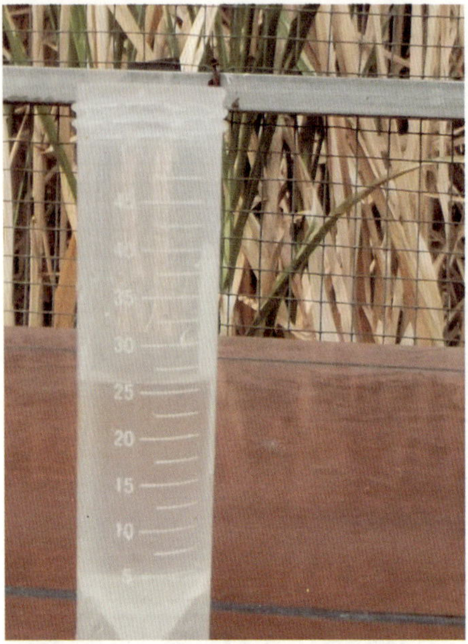

图1-79　加入2.5份体积的纯净水

图1-80　加入1份体积的土样

（4）**混匀纯净水和土样**　将土壤和纯净水上下颠倒摇动多次，使土样充分与纯净水混匀（图1-81）。

（5）**静置过夜**　将充分混匀的混合物放在平稳的地方，静置过夜（图1-82）。

图1-81　土样和纯净水充分混匀

图1-82　混合物静置过夜

（6）**pH测定**　撕下1条量程为1～14的pH试纸，放入量筒上清液中速蘸0.5 s（图1–83）。

（7）**读取pH**　速蘸后立即取出试纸，在试纸比色卡上比对并确定pH范围，读取的数值即为土壤样品的pH，本样例试纸比对后数值在6.0～6.5（图1–84）。

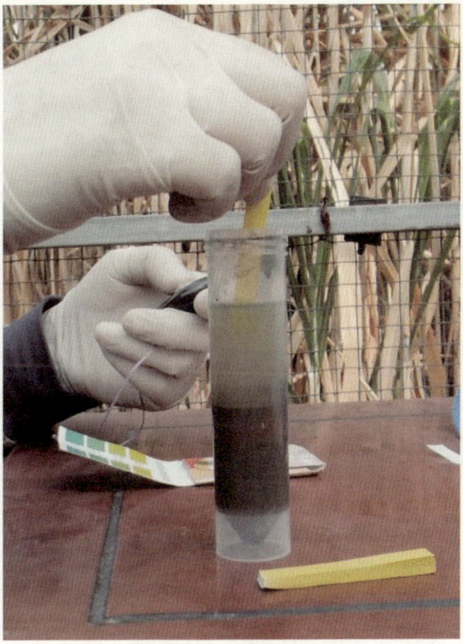

图1–83　pH测定

图1–84　比色卡读取pH

总之，进行土壤pH测定时，一般将土样和纯净水以体积比2.5∶1混匀过夜后，测定上清液的pH，获得的数值即大约为土壤的pH。

二十二、蓝莓苗木采购需注意的问题

蓝莓苗木采购需要注意4个方面的问题，分别为采购时间、品种选择、授粉品种搭配以及苗木类型。

（1）**采购时间**　采购时间一般就是定植时间。不论是基质栽培还是地栽，苗木采购回来后，都应及时进行换盆栽植或露地定植。大面积种植时，采购最佳时期为早春萌芽前或入秋落叶后，这两个时期定植成活率最高，也最利于植株的生长。东北地区或高寒地区最好在早春购买，然后直接定植；若在我国南方云贵川等温暖地区栽植，则在入秋后蓝莓叶片转色期购买后定植为佳。

（2）**品种选择**　蓝莓品种较多，不同气候环境适于定植不同类型的品种。

如东北低温地区，应该定植耐低温的北高丛品种，如‘北陆’‘布里吉塔’‘都克’‘爱国者’等品种；处在亚热带四季如春的地区则应选择耐热的兔眼蓝莓品种，如‘灿烂’‘粉蓝’‘园蓝’等；处在温暖地区则选择南高丛蓝莓品种，如‘珠宝’‘法新’‘苏西蓝’等品种。

图1-85　蓝莓1年生组培盆钵苗

（3）**授粉品种**　大多数蓝莓品种为异花授粉，异花授粉利于提高果实品质，促进丰产、稳产，因此最好购买2个以上品种，且花期一致的、授粉亲和性较好的种苗进行定植。

（4）**蓝莓种苗类型**　蓝莓根系容易受伤，采购苗木时应选择盆钵苗木，可提高定植成活率，且利于苗木健壮生长。选购的苗木最好为已经过冬的1～2年生组培苗木（图1-85），不宜选用扦插苗，因为扦插苗容易发生根腐病，且长势较弱，成冠时间长；也不宜选用4年以上的大苗定植，因为定植后容易大缓苗，且易产生“小老苗”现象。

二十三、蓝莓移栽时破根团技术

蓝莓商业化生产的种苗多为盆钵苗，由于营养盆或钵的限制，根系常常沿着盆钵内壁环绕生长团在一起，形成较紧密的根团，密集分布于盆钵底部和四周（图1-86）。若直接进行定植，短时间内根系难以突破根团长到新移栽区域的土壤中，易造成移栽后苗木生长发育停滞，引起生长不良，尤其以黏土为基质培育的营养钵苗，移栽后甚至会出现死亡现象。

因此，蓝莓定植或移栽时，需要用刀在根团底部呈十字轻轻切开，用手将中心部的土壤去除并将根系理顺。蓝莓根系成团的钵苗破根处理，具体操作流程如下。

（1）**根团底部十字花刀破根**　盆和苗分离后，取出苗木，在根团底部切两刀形成十字花，根据土团高度，切口深度约为根团高度的1/3（图1-87）。

（2）**根团侧面四周破根**　从底部切开的4个切口入手，与底部切口对齐，在根团侧面四周切4刀，与底部十字花切口连成线，深约3 cm（图1–88）。

图1–86　蓝莓根系成团

图1–87　根团底部切十字花刀

图1–88　根团侧面破根

（3）**以根团底部切口中心为入手点**，将根系往四周剥开，形成带土的根系层，将入手点内部的土壤掏出，使根团水平伸展开后即完成了破根团处理（图1–89）。

图1–89　蓝莓破根团

多数的蓝莓营养钵苗都需要进行破根处理，特别是黏土培育的营养钵苗。但若采用草炭和珍珠岩混拌基质培养的苗木，且苗木移栽培育仅1～3个月，此时根系刚开始生长还未成团，则不需要进行破根处理。

第二章

Chapter 2

蓝莓品种及关键栽培技术

野生蓝莓资源比较丰富，在全世界范围内均有野生蓝莓的分布。生产上最初应用的是野生资源，但由于野生资源生产的果实无法满足市场的需求，从而促进了人类对其进行栽培驯化的研究。随着人们对蓝莓人工栽培品种选育和栽培技术研究的不断深入，目前全世界已有几百个蓝莓栽培品种，但这些品种属于不同蓝莓栽培类群，各类群除植株特征特性不同外，生产栽培技术和管理措施等方面都有较大差异。

我国目前用于生产栽培的蓝莓品种或其后代主要来自美洲和欧洲地区，分别属于兔眼蓝莓品种群、北高丛蓝莓品种群、半高丛蓝莓品种群、南高丛蓝莓品种群和矮丛蓝莓品种群。除了从国外引入的商业化品种群外，我国的一些科研院所和大专院校也开始开展了对我国野生蓝莓资源的栽培驯化和育种研究工作，但目前还没有可用于商业化生产栽培的优良品种。

图2-1　兔眼蓝莓‘灿烂’植株

兔眼蓝莓品种群原产于北美洲亚热带地区，该品种群的品种树体高大，树势旺盛（图2-1），丰产，寿命长，抗湿热性好，且抗旱，但抗寒性较差，-27 ℃时许多品种会受冻；对土壤条件相对要求不高，休眠期较短，可以在我国长江流域以南、华南等地区的丘陵地带栽培，往南发展时要考虑栽培区域能否满足450～850 h的低温需冷量条件，往北发展需要考虑冬季耐受的低温和花期晚霜危害问题。

图2-2　南高丛蓝莓‘优瑞卡’植株

南高丛蓝莓主产于北美温带、亚热带地区，喜欢湿润、温暖的气候条件，植株长势健壮（图2-2），需冷量低于600 h，抗寒性差，具有成熟期早、鲜食风味佳的特点，适合在我国黄河以南，如华东、华南地区发展。该类种群的品种在我国云南，四川的金沙江流域和安宁河流域的干热河谷区域种植，果实于3月末至6月初成熟，可以获得较高的经济效益。这一特点使高丛蓝莓在四川、云南地区栽培面积逐年扩大。

北高丛蓝莓品种群原产于美国东北部，分布在河流边缘沙质地、沿海柔软湿润地、内陆沼泽地及疏松土壤的山区等区域，要求湿度大，喜冷凉气候，抗寒力较强，有些品种可抵抗-30 ℃低温；对土壤条件要求严格，不耐夏季的高温、多湿和干燥环境。此品种群树体高度可达1～3 m（图2-3），果实较大，品质较好，鲜食口感极佳，可以作为鲜食品种栽培，也可以作为加工或庭院品种栽培。该品种群的品种适于我国北方沿海湿润地区及寒地发展，有较长休眠期，需冷量较长，一般800 h以上，目前世界上共有100多个品种，种植不同成熟期的品种组合后，果实采收期可持续100余天。

图2-3　北高丛蓝莓‘瑞卡’植株

半高丛蓝莓是由高丛蓝莓和矮丛蓝莓杂交育成的品种类型。该品种群的植株株高一般为0.5～1.0 m（图2-4），果实比矮丛蓝莓大，但比高丛蓝莓小。该类型的蓝莓品种，抗寒力强，一般可耐-35 ℃低温，且品质好、树体矮化。该类群品种产量不如北高丛蓝莓，但果实保留了亲本野生矮丛蓝莓的风味，口感较好；适应北方寒冷地区的气候环境条件，需冷量一般为1 000～1 200 h。

矮丛蓝莓主要分布在美国东北部和加拿大东部沿海地区，以野生为主，适于栽植在北方寒冷地区。该类群品种的特点是树体矮小，株高仅有30～50 cm（图2-5），抗寒能力较强，且具有一定的抗旱能力，在冬季低温-40 ℃地区可以栽培。山区种植时若有30 cm厚的积雪即可保证树体安全越冬，没有积雪地区需要越冬保护，以免抽条。该品种群的栽培管理技术比较简单，极其适合东北高寒山区大面积商业化栽培。但由于果实较小，因此主要用于加工，以其为原料加工而成的果脯、果干、果酒等产品，其品质较高。因此发展该类群品种时，需要发展配套的果品加工产业。

图2-4　半高丛蓝莓‘北陆’植株

图2-5　矮丛蓝莓‘美登’植株

一、兔眼蓝莓品种群

该品种群原产于美国东南部的佛罗里达州北部、佐治亚州东部及南部到那卡罗莱纳州和亚拉巴马州东南部，最大的产区是佐治亚州，约占美国蓝莓栽培总面积的一半。一般而言，该品种群比高丛蓝莓品种群的生态适应性好，生长势和抗虫性较强，并且丰产、果实硬度大、果粉厚、货架期长、耐贮藏。植株生长旺盛，株高约3 m，最高可达10 m（图2-6）。果实成熟期较晚，结实率较高，果实完全着色且完全成熟后采摘，品质较好。该品种群需冷量为450～850 h，耐热性、抗旱性比较强，但不抗寒，在-10 ℃以下地区难以生长发育；对土壤条件要求相对较低，在黏重的丘陵地区栽培时生长发育影响不大。该品种群适合在我国冬季温暖地区，如长江流域以南、华南等地区的丘陵地带种植，栽培容易成活，是初次栽培者的首选。我国目前引种栽培较多的兔眼蓝莓品种群品种如下。

图2-6　兔眼蓝莓植株

1. Gardenblue

中文名：‘园蓝’

来源：1983年美国佐治亚州推出的品种，亲本为‘茂若’×‘达柔’。

果实特性：果实中等大小，甜味多，酸味少，果实深蓝色，硬度较高，有香味，风味佳，品质好，果粉少，果皮硬（图2-7）。

生长结果习性：中晚熟品种。植株生长势极强，树形直立，株高约2.6 m，冠幅约1.4 m。丰产、稳产。土壤适应

图2-7　‘园蓝’品种的果实（引自狄原勋）

图2-8 ‘巨丰’品种的果实

性强，在土壤条件差的地方也可以生长旺盛，适合公园、围墙和庭院栽培。

栽培关键要点：需要搭配授粉品种才能坐果。

2. Delite

中文名：‘巨丰’

来源：1969年美国佐治亚州推出的品种，亲本为Bluebelle×T15。

果实特性：果穗中等大。果实中等偏大，圆形，果皮亮蓝色，果实硬度较高，果粉厚（图2-8）。含糖量高，甜味大，酸味小，糖酸比较高，有香味，肉质细腻，风味好，品质佳。果蒂痕小而干，裂果少，风味浓郁。单果可含68粒种子。

生长结果习性：从开花到果实成熟需98 d，为兔眼蓝莓中的中早熟品种。树势强，直立，分枝多。丰产，单株产量3.6～6.8 kg。果实硬度高，易与果柄分离，适于做鲜果销售。果实在着色期就可以食用，但果色为红褐色，销售果品时需要在完全成熟时采摘以提升其市场认可度。低温需冷量500 h。

栽培关键要点：果实易与果柄分离，适合机械化采收。对土壤的适应性差，对土壤酸碱度和肥水变化反应敏感，需要进行严格的土壤改良和管理。极易感染蓝莓锈病，目前栽培面积较少。花芽比叶芽的低温需求量低，花少或不开花地区说明低温需冷量不足。需要配置授粉品种，以提高坐果率。一般栽培情况下叶色呈现黄绿色，但使用较浓氮肥时叶色较深。树势强，直立，分枝多，容易通过修剪更新结果枝组。

3. Titan

中文名：‘泰坦’‘巨人’

来源：2011年美国佐治亚大学推出的品种，亲本为T-460×FL80-11。

果实特性：大果型品种，单果重3.0～3.5 g，果扁圆形，浅蓝色，色泽好，果肉硬度大，风味好，有香味，口感脆，无果皮残留，有兔眼蓝莓粗糙口感，鲜食口感佳，果蒂痕干（图2-9）。

生长结果习性：早熟品种。树势极强，树冠较直立，且狭窄，剪枝反应良好，容易恢复结果母枝，复壮结果枝的长势。果实成熟后挂枝时间长，产量高，丰产，单株盛果期的产量可达10 kg。随着采收时间的延长，果实会逐渐变小，到采收末期果实又开始恢复大果。低温需冷量500～550 h。

图2-9 ‘泰坦’品种的果实

栽培关键要点：异花授粉，不能自花结实，需要配置授粉树。果实采收期，需要加强肥水管理，以保证果实的大小和品质。果实成熟后挂枝时间长，适合机械集中采收。果实成熟期遇雨易裂果，故宜在设施条件下栽培或果实采收期没有雨季的地区发展。对细菌性溃疡病有很好的抗性，抗寒性中等。

4. Baldwin

中文名：‘巴尔德温’

来源：1985年美国佐治亚大学成立200年纪念时推出的品种，由Ga6-40（‘Myers’×‘Black Giant’）×‘提芙蓝’杂交育成。

果实特性：果实中等大，单果重1.8～2.3 g，深蓝色，果粉少，果蒂痕极小而干（图2-10），风味较甜，鲜食口感佳。果实硬度高，贮藏性好，15.5 ℃以下保存31 d，软化果实和腐烂果实较少。

图2-10 ‘巴尔德温’品种的果实（引自狄原勋）

生长结果习性：晚熟品种。树势强，植株半开张或稍直立，生长健壮，树冠大，连续丰产能力强，低温需冷量450～500 h，抗病能力强。果实成熟时采收期可延续6～7周，十分丰产。

栽培关键要点：植株长势强，病虫害少。株丛观赏性强，适合庭院观光栽培。果实成熟期较长，成熟后不能长时间挂果，不适合机械化采收。异花授粉可促进果实坐果。

5. Pink Lemonide

图2-11 ‘红粉佳人’品种的果实

中文名：‘红粉佳人’

来源：1996年美国新泽西州推出的品种，由NJ891581（三倍体，NJ8561×NJ8591）×‘Dellite’杂交育成的变异六倍体品种，具有一般的兔眼蓝莓的血缘和其他六倍体高丛蓝莓品种的综合血缘。

果实特性：果实中等大小，果面光滑，果皮浅粉色，风味中等，质地硬度较好，较耐贮运（图2-11）。

生长结果习性：该品种株丛生长旺盛，直立。产量中等。叶片全部光亮绿色，披针形，叶缘锯齿，叶表面质地光滑。开花期与其他南高丛蓝莓品种相似，比抗寒的高丛蓝莓‘蓝丰’的花期略早。在山东省乳山市，7月27日前后果实变成亮粉色或暗粉色。

栽培关键要点：作为观光采摘、盆景、园林绿化栽植等存在巨大的潜在商业价值。需要配置授粉树，否则产量较低。

6. Powderblue

中文名：‘粉蓝’

来源：1978年美国北卡罗莱纳州推出的品种，由‘提芙蓝’×‘曼迪托’杂交育成。

果实特性：果实中等大小，比‘提芙蓝’略小，果皮亮蓝色，果粉中厚，果蒂痕小而干（图2-12），裂果少，果肉极硬，耐贮运性好。可溶性固形物含量15.2%，果汁pH为3.40，味甜，无香味，品质佳。

生长结果习性：晚熟品种。树体直立到半直立，树冠小到中等，生长势强。对叶部病害有一定的抗性。在高湿环境中不裂果。灌溉条件下，产量高，单株产量可达3.6～6.3 kg。低温需冷量550～650 h，我国部分蓝莓产区有栽培。

栽培关键要点：自花结实率低，需要配置授粉树。在温暖地区种植时，会有多次开花现象，需要进行果实采收后的重修剪，以促进新梢萌发，并集中开花期和采收期。一年可以有3～5个新梢萌发和生长，通过修剪可以增加结果枝数量。

图2–12 ‘粉蓝’品种的果实

7. Brightwell

中文名：‘灿烂’

来源：1983年美国佐治亚州选育的品种，由‘提芙蓝’（‘Ethel’×‘Clara’）×‘Menditoo’（‘Myers’×‘Black Giant’）杂交育成。

果实特性：果实中等偏大，最大单果重2.56 g，最小单果重1.21 g，平均单果重1.85 g，果皮淡蓝色（图2–13），可溶性固形物含量17.4%，果汁pH为3.35，有香味，果肉硬度较高，口感甜，风味佳，果蒂痕干且较小。

生长结果习性：中早熟品种。树势中等，植株健壮，树冠直立，树冠小，容易萌发基生枝。开花期晚，比其他兔眼蓝莓品种抗晚霜能力强。丰产性极强，适应性强。在灌溉和精细管理条件下单株产量3.6～6.3 kg，可作为自采自摘品种种植，也可鲜食和加工兼用。低温需冷量350～400 h。该品种是全世界近15年来栽培最普遍的兔眼蓝莓品种，也是我国南方蓝莓产区的主栽品种，在四川省西昌市种植表现出较强的适应性。主要优点为丰产、果色美观。

图2–13 ‘灿烂’品种的果实

图2-14 ‘森图里昂’品种的果实

栽培关键要点：果穗疏松，适于机械采收。花期较迟，但没有晚霜危害。异花授粉，需要搭配授粉树，‘顶峰’为其最佳授粉品种。花果量较大，可适当进行结果枝短截或抹芽，以提高果实品质。

8. Centurion

中文名：‘百夫长’‘森图里昂’

来源：1978年美国北卡罗莱纳州选育的品种，由W-4×‘callaway’杂交选育而成。

果实特性：果实中等大小，果皮暗蓝色，果肉硬度较高，具有芳香味，风味佳，果蒂痕较小（图2-14）。

生长结果习性：开花到果实成熟约99 d，比‘提芙蓝’晚熟1～2周。植株健壮，树势强，直立，树冠狭窄而枝叶浓密，可形成绿篱。开花晚，可以自花授粉，果实成熟期可持续1个月左右。丰产，但果实质地硬度不如‘提芙蓝’，可作为庭院栽培品种，适合自采自摘栽培。低温需冷量600～700 h。

栽培关键要点：树冠直立性极强，但枝叶量较大，植株可以当绿篱种植。遇雨后容易发生裂果，采收期需要进行避雨措施。自交可孕，但异花授粉利于产量提升。

9. Premier

中文名：‘杰兔’

来源：1978年美国北卡罗莱纳州正式推出的品种，由‘提芙蓝’×‘乡铃’杂交育成。

果实特性：果实大到极大，果皮蓝色，外观漂亮，果蒂痕大而湿，果肉硬度较高，有芳香味，风味极佳，是极好的鲜食品种（图2-15）。

生长结果习性：树势强，树冠开张，极丰产。灌溉条件下单株产量3.6～4.5 kg。开花到果实成熟需76 d。抗病性强，耐土壤高pH，适合各种类型土壤栽培，在我国南方部分蓝莓产区有栽培。低温需冷量400～500 h。

栽培关键要点：新梢枝条柔软，难以支撑果实负荷，需要进行夏季修剪以增加支撑力。花自交可孕，但自花结实率低，需要配置授粉树。有大量异常花，但不会影响坐果。单个结果枝的花芽数量较多，且花期易遭受晚霜危害，可以通过疏剪花芽来延迟花期，利于躲避晚霜危害。果实需要及时采收，以保持果肉硬度。

10. Tifblue

中文名：‘提芙蓝’‘梯芙蓝’

来源：1955年美国佐治亚州选育的品种，由‘Ethel’×‘Claraway’杂交育成。

果实特性：果实中等大小，果皮淡蓝色，果蒂痕小而干（图2-16），果肉硬度较高，耐贮运，单果种子约44粒。味甜，风味极佳，鲜食口感和加工品质均好。果皮薄，遇雨易裂果。果实完全成熟后可在树体上保留较长时间，着色完成后酸味浓，需要挂果1周以上才能形成风味物质。

生长结果习性：中晚熟品种。树冠较直立，树势强，丰产性强，容易萌发基生枝。单株产量3.6～7.0 kg。该品种是兔眼蓝莓中选育最早的品种，20世纪90年代前为主栽品种，目前栽培面积在缩减。但该品种丰产，易采收，品质好，在我国部分产区仍有引种栽培。对土壤的适应性强，但极限pH会出现缺素症状。较抗寒。低温需冷量600～700 h。

栽培关键要点：自花结实率低，需要配置授粉树，‘乌达德’品种作为其授粉品种时产量最高，品质最好。丰产性突出，果实外观好，适合于机械采收。果蒂痕中的红色退去后可进入采收期。花期易遭受晚霜危害。冬季温暖时，会影响下一年的产量。果实采收后可以通过重修剪来更新结果枝质量和数量。

图2-15 ‘杰兔’品种的果实

图2-16 ‘提芙蓝’品种的果实

11. Britebule

中文名：‘布莱特蓝’‘布蓝’

来源：1969年美国佐治亚州选育的品种，由'Callaway'×'Ethel'杂交育成。

果实特性：果实中到大，圆形，果蒂痕小而干，果皮淡蓝色或灰蓝色，果粉极厚（图2-17），果肉硬度高，耐贮运，充分成熟前果实偏酸，完全成熟后，甜味浓，香味浓，风味极佳，品质优。平均单果重1.7 g，可溶性固形物含量14.2%，果汁pH为3.08。种子较多，单果种子数多达110粒。果穗长，可达30 cm。

生长结果习性：晚熟品种。树势强，树冠较开张。耐热耐旱，适应性强，在良好的灌溉管理条件下单株产量3.6～5.4 kg。丰产，裂果少，耐贮运，可作为鲜果栽培。低温需冷量600 h。

栽培关键要点：幼树初期生长缓慢，适于轻剪，栽后10年之内不需要强修剪。果实成熟后可在树体上保留较长时间，可作为鲜果远销品种栽培。果实成串着生和成熟，采摘方便，是较好的自采自摘品种，可鲜食和加工兼用。

图2-17 '布莱特蓝'品种的果实（引自日本ブルーベリー協会）

二、南高丛蓝莓品种群

该品种群是从北高丛蓝莓品种中培育而来的，比北高丛蓝莓品种的耐热性强，分布于沿海及内陆沼泽地，耐湿热，喜湿润、温暖的气候条件，低温需冷量低于600 h，但抗寒力差，在-10 ℃以下生长发育不良。南高丛蓝莓果实比较大，具有成熟期早、鲜食口味佳的特点。多数品种不能自花授粉结实，栽培时需要搭配不同品种进行授粉。在我国山东青岛地区栽培的果实可在5月底至6

月初成熟，在四川西昌3月末至5月初成熟。该品种群适合于我国黄河以南，华东、华中、华南和西南地区栽培和发展，目前在我国四川、云南、贵州等地具有重要的栽培价值和经济效益，在四川西昌种植为常绿状态。图2-18为南高丛蓝莓植株。目前我国引种栽培较多的南高丛蓝莓品种如下。

1. Emerald

中文名：‘绿宝石’

来源：1999年美国佛罗里达大学选育的美国专利品种，亲本为FL91-69 × NC1528。

果实特性：果实大，平均单果重2.9 g，果实纵径约1.3 cm，横径约 1.8 cm，果实蓝色，果粉厚，果蒂痕小且干（图2-19），硬度高。果实刚成熟时口感偏酸，完全成熟后甜度大，口味甜略带酸味，风味佳。

生长结果习性：中熟品种。树体健壮、旺盛，树冠半开张至开张，4年生植株高达1.5 m。花期较整齐，不耐晚霜危害。成熟采摘期较长，产量高。抗寒能力和抗病能力强，在高海拔地区对根腐病、基腐病和枝枯病有一定的抗性。低温需冷量200～400 h。秋季叶片依然翠绿。

栽培关键要点：谢花后花冠不易脱落，容易滋生灰霉病，谢花坐果后需要及时进行灰霉病防治。在四川省西昌市秋季二次开花明显，在采收后需要进行适当短截修剪，避免秋季开花。

图2-18　南高丛蓝莓植株

图2-19　‘绿宝石’品种的果实

2. Cooper

中文名：‘库帕’‘酷派’

来源：1977年美国密西西比州选育的晚熟品种，亲本为G180［G100×‘Collins’（‘艾文蓝’×‘早蓝’）］×US75（FLA 4B×‘蓝丰’）。

果实特性：果实中等大小，单果重1.2～2.0 g，果蒂痕小而干（图2-20），有香味，可溶性固形物含量11.5%，果汁pH为中等。

生长结果习性：树势强，树形直立。叶片细，淡银色。低温需冷量400～500 h，该品种要求持续低温需冷量，而不是累积低温需冷量。

栽培关键要点：搭配花期一致的其他品种作为授粉树时，坐果率极高；对低温需冷量较严格，叶芽低温需冷量比花芽多，在南方温热带地区如四川省西昌市会表现出冬季低温需冷量不足的现象，果实进入着色期时叶芽才开始萌发。

图2-20 ‘库帕’品种的果实

3. Jewel

中文名：‘珠宝’

来源：1998年美国佛罗里达大学的专利品种。

果实特性：果粒中等大，单果重1.7～2.5 g，暗蓝色，果蒂痕小且干（图2-21），完全成熟后甜度高，酸甜适口，风味较好。果实硬度高，耐贮运。

生长结果习性：早熟品种。树势中等，半开张。成熟期较‘夏普蓝’早1周，与‘奥尼尔’相同。花芽分化较好，春季花量较大，树体易早衰。适应性强，春季展叶较晚。可自花结实，但结实率低。低温需冷量200 h。

栽培关键要点：花芽容易形成，需要进行适当短截减少花芽数量。容易感染叶斑病，高温高湿环境下容易发生。生长量大，适合于我国北方温室栽培以及南方大部分地区露地种植，是美国目前南高三大主栽品种之一。在我国四川省西昌市露地栽培时4月上中旬至5月上旬成熟。

图2-21 ‘珠宝’品种的果实

4. Legacy

中文名：‘雷戈西’‘莱格西’

来源：1988年美国佛罗里达州选育的品种，有部分南高丛蓝莓血缘。

果实特性：果实中等大，果实粉蓝色，果蒂痕中而干（图2-22），有香味，果实甜中带酸，硬度适中，可溶性固形物含量14.0%，果汁pH为3.44，鲜食口感较受人们喜爱。果实贮藏性好，便于运输。

图2-22 ‘莱格西’品种的果实

生长结果习性：中晚熟品种。树势旺盛，半直立型，株高可达1.8 m。丰产性好，分枝多，内膛枝条结果多。比‘蓝丰’早熟1 周，鲜食口味极佳，为鲜果生产优良品种，目前被认为是鲜果品种中品质最好的品种。对土壤的适应性强，耐寒性中等，我国南北方都可栽培。该品种介于北高丛和南高丛品种之间，适于露地和北方温室栽植，目前种植面积较大。可自花结实，低温需冷量600 h。

栽培关键要点： 在辽东半岛以北地区容易出现花芽分化不良、产量低和越冬冻害等问题，最好采用设施栽培。生产栽培时需要搭配授粉品种。

5. Misty

中文名： ‘密斯黛’‘薄雾’‘密斯提’‘密斯梯’

来源： 1992年美国佛罗里达州推出的品种，亲本为FL67-1 × ‘艾文蓝’。

图2-23 ‘密斯黛’品种的果实

果实特性： 负载量合理情况下果实品质优良，果大而硬度高，果粉较厚，色泽美观，果蒂痕小而干，有香味，酸甜适口，果实成熟后挂果时容易失水（图2-23）。

生长结果习性： 中熟品种，成熟期比‘奥尼尔’晚3～5 d，采收期较长。树形直立，生长势强，在南方温暖地区常绿越冬。花芽萌动早于叶芽，大量开花会抑制叶芽的正常萌发，使树体早衰，容易造成花、果、枝发生枯萎病，而且顶枯会向下蔓延，有时整株死亡，特别是幼龄植株容易染病。易于扦插繁殖，抗根腐病能力强于‘夏普蓝’，在我国长江流域地区栽培无裂果现象。低温需求量不高，为100～300 h，与‘夏普蓝’相似。

栽培关键要点： 枯萎病预防的方法是夏末或入冬时需要加强修剪，减少花量，以降低枯萎病的发生。冬季需要保留较多叶片，尤其是直立性强壮枝带叶过冬有利于来年果实发育。低温不足地区叶芽萌芽率较低，可采用单氰胺处理来提高萌芽率。该品种在四川省西昌市可以正常生长发育结实，但花期遇低温容易造成小果现象。采收时可以1周采收1次。

6. O’Neal

中文名： ‘奥尼尔’

来源：1987年马里兰选育推出的品种，以育种学家O'Neal名字命名，亲本为'Wolcott'［'威口'×F-6（'Stanley'×Crabbe-4）］×Fla 64-15［E-22（'早蓝'×NO.3）×Fla61-3（未命名优株×Mich.-USDA高丛）］。

果实特性：果实大，果蒂痕小而干，果粉较少，果皮暗蓝色（图2-24），硬度高，耐贮存，甜度高，可溶性固形物含量13.5%，果汁pH为4.53，香味浓，是南高丛中香味较好的品种，适于鲜食栽培。

生长结果习性：中早熟品种。树势强，树体半开张，分枝多。耐热性强，适应性强。丰产，可自花结实，亩产量约1 100 kg。有一定的耐寒性，低温需冷量400～500 h，适合长江流域大部分地区种植，北方一些地区也可以栽种。该品种抗茎干溃疡病，适合机械采收。

栽培关键要点：花期早且花期长，容易遭受晚霜霜害。生产栽培中需要搭配授粉树，以提高坐果率。

图2-24 '奥尼尔'品种的果实

7. Star

中文名：'明星''南方之星'

来源：1995年美国佛罗里达州推出的专利品种，亲本为EL80-31×'O'Neal'。

果实特性：果实大且大小均匀，果蒂痕小而干（图2-25），硬度高，香味浓，风味佳，香甜适口，可溶性固形物含量14%，果汁pH 3.3，品质优良。

生长结果习性：树势强，长势好，株高中等，生长势强于'夏普蓝'，休眠期比'夏普蓝'长。果实发育期较短，成熟期集中，所有果实在3～4周内成熟。最佳授粉品种为'粉嘟嘟'。易于繁殖。低温需冷量400～600 h，冬季可耐-15 ℃低温，低于这个低温时则需要保护，适于在我国长江流域栽培。栽培环境条件好的地区，易于种植，丰产。

栽培关键要点：枝条容易感染溃疡病，但苗木不带病，发现有溃疡病的枝条要及时清理。在四川省西昌市栽培易出现花量少、坐果率低的问题。

图2-25 ‘明星’品种的果实

8. Millennia

中文名：‘千禧’‘新千年’‘美娜尼亚’

来源：2000年美国佛罗里达大学推出的品种。

果实特性：果实极大，天蓝色，硬度高，果粉靓丽，果蒂痕小且干（图2-26），口感甜，风味一般，外观美观。

图2-26 ‘新千年’品种的果实

生长结果习性：极早熟品种。树势强，树体开张，生长健壮。叶片椭圆形，叶缘细微齿。丰产性强，亩产可达1 t。高抗茎干溃疡病，低温需冷量300～350 h。基生枝萌发能力极强，每年可萌发20多个基生枝。

栽培关键要点：配置适宜的授粉树品种可提高坐果率，否则坐果率极低。根蘖枝萌发能力极强，每年春夏季节要及时疏除细弱枝和过密枝，以集中养分促进果实发育。

9. Sharpblue

中文名：'夏普蓝'

来源：1976年美国佛罗里达大学推出的品种，亲本为Florida61-5 × Flrida 62-4。

果实特性：果实中大，暗蓝色，果蒂痕小且湿（图2-27），有香味，可溶性固形物含量15.0%，果汁pH为4.0，果汁含量高，适于做果汁。果皮薄，采摘容易破皮，不耐运输。

图2-27 '夏普蓝'品种的果实

生长结果习性：中熟品种。树势中等，树形开张，株高1.5 m。早期丰产能力强，灌溉条件下单株产量3.6～7.2 kg。土壤适应性强，适合大部分地区栽培。低温需冷量150 h，为南高丛中需冷量较少的品种。对根腐病和枝条溃疡病抗性中等。

栽培关键要点：可自花结实，但生产上需要配置授粉树，最佳授粉品种为'奥尼尔''艾文蓝''佛罗里达蓝'。管理容易。在我国云南、四川等温暖地区种植有二次开花现象，会影响第二年产量，需要采收后重剪更新结果枝。

10. Windsor

中文名：'温莎'

来源：2013年美国农业部和专利局推出的专利品种，亲本为FL83-132 × 'Sharpblue'。

图2-28 ‘温莎’品种的果实

果实特性：果实大，纵横径12 mm × 17 mm，果皮暗蓝色，悦目美观，硬度高，果蒂痕略大（图2-28），风味较好，露地种植采收后耐贮运性一般。

生长结果习性：中熟品种。生长势强，枝条粗壮，树姿半开张，与‘夏普蓝’和‘奥尼尔’相似。展叶和开花一样迅速，萌芽力强，可快速展叶保证高产。对土壤的适应性强。低温需冷量350～500 h。可作为我国南方采收季节少雨地区露地种植，或在北方采用大棚种植可避免雨季裂果。该品种可作为生产高品质大型果品种种植。

栽培关键要点：可自花结实，配置授粉树能提高产量。采收时有果皮撕裂现象，尽量在果实完全成熟时采收，以减少果皮撕裂。

11. Jubilee

图2-29 ‘久比利’品种的果实

中文名：‘久比利’

来源：1994年美国农业部推出品种，亲本为‘夏普蓝’× MS60（G-132 × US75）。

果实特性：果实中等，完全成熟时近乎黑色，果蒂痕小而干（图2-29），果实硬度好，耐贮运，完全成熟后酸甜适口，风味较好，花色素含量中等。

生长结果习性：早熟品种。树势旺盛，半开张。花期比‘顶峰’晚2周，可避过晚霜危害。采收期集中，商业生产时，采收两次可采收95%以上产量。丰产性强。花期和成熟期均比‘夏普蓝’早1 周。低温需冷量

200～500 h。该品种具有适应性强、长势好、产量高等特点，目前在世界上的种植面积较多，也是我国南高丛蓝莓的主栽品种之一，深受我国种植者欢迎。

栽培关键要点：果实成熟后可以在树上不采收而不影响果实品质；可以1～2次集中采收。配置授粉树可增加单果重和产量。须注意防治枯枝病和疫霉茎腐病。

12. Palmetto

中文名：‘棕榈’

来源：2003年美国推出的品种。

果实特性：果实大小中等，果皮蓝黑色，果粉薄（图2–30），甜，口感较好，鲜食风味较好。该品种最突出的特性是香味浓郁。

生长结果习性：中早熟品种。在乔治亚州南部、中部，其花期、果实成熟期与‘明星’相似。成熟期较一致，成熟前期果实成熟率占总产量75%以上。果蒂痕、果实坐果率一般。成熟果实挂枝太久果蒂痕会变湿、果实变软。该品种的一个突出特性就是树势较强，对于期望获得香味果实的庭院种植者，这个品种非常适合。对于商业化种植，这个品种仅限于喜欢香味果实而且能够频繁采收的地区。低温需冷量为400～450 h。

栽培关键要点：以‘苏西蓝’品种授粉可以提高坐果率。基生枝萌发能力强，成枝力强，果实采收后进行重剪利于来年果实品质和产量的提高。整个采收期可以采收2次就结束。

图2–30 ‘棕榈’品种的果实

13. Farthing

图2-31 “法新”品种的果实

中文名：‘法新’

来源：2008年美国佛罗里达州选育的专利品种。

果实特性：果实大，果肉硬度高，果皮深蓝色，果粉中等，果蒂痕小而干（图2-31），酸甜适口，风味优良，耐贮性优良。

生长结果习性：中熟品种。树势强，长势健壮，直立或微开张。低温需冷量300 h。

栽培关键要点：基生枝易于萌发，温暖地区在果实采收后极重短截可萌发新梢作为来年结果枝，利于产量提高。

14. New Hanover

图2-32 ‘新汉诺威’品种的果实

中文名：‘新汉诺威’

来源：2005年美国北卡罗莱纳州选育的品种。

果实特性：果实中等偏大，果肉硬度高，果皮蓝色（图2-32），风味优良，果实香味浓郁，耐贮藏性好，颜色美观，果蒂痕小且湿，风味微酸。

生长结果习性：中早熟品种。树势强，树冠直立或半直立，但结果量大后枝条柔软下垂。丰产，适合于手工采摘，多用于鲜食市场，花期与‘奥尼尔’相同，自花授粉能力强，搭配南高丛品种授粉，产量更高。果实硬度高，采后保鲜期较长。低温需冷量500～800 h。

栽培关键要点：可自花结实，但坐果率较低，需要搭配授粉树以提高产量。

15.Primadonna

中文名：‘天后’

来源：2007年美国佛罗里达州选育的品种。

果实特性：果实大，淡蓝色，果蒂痕小（图2-33），硬度较高，甜度高，浓郁，风味佳，果实形状有时不规则，果汁pH较低，有香味。

生长结果习性：早熟品种。树冠直立或半开张，圆球形，树势中等，枝条柔软，萌芽率低，树势中庸，低温需冷量200 h。

栽培关键要点：可以自花授粉，但也需要搭配授粉品种以提高产量。在四川省西昌市可正常生长发育，露地栽培时4月末果实开始成熟。秋季易二次开花。

图2-33 ‘天后’品种的果实

16. Snowchaser

中文名：‘追雪’

来源：2007年美国佛罗里达州选育的品种。

果实特性：果实中等大小，圆球形，果肉硬度较高，果皮深蓝色，果蒂痕很小（图2-34），口感酸甜偏甜，果汁含量高，风味较好，适合鲜果销售。

生长结果习性：中早熟品种，比‘明星’还早熟。树冠直立，树势中等。秋季容易二次开花。春季花期易受晚霜危害，且易感染茎腐病。低温需冷量100～200 h。在四川省西昌市露地栽培，4月末开始成熟，果实采收期较长。

图2-34 ‘追雪’品种的果实

栽培关键要点：果实完全成熟后容易脱落，需要及时采收。果实完全成熟时花冠多数宿存，栽培时要加强修剪，以提高栽培区的通风透光，降低病害发生。

17. Springhigh

中文名：‘春高’

来源：2005年美国佛罗里达州选育的品种。

果实特性：果实大，果肉硬度较高，果皮蓝色，果蒂痕较小（图2–35），风味较好，果实酸甜适口。

生长结果习性：极早熟品种。树冠直立，树势强，萌芽率较高，高温气候下果实容易变软。低温需冷量200 h。在四川省西昌市露地栽培，4月末开始成熟，5月中旬采收结束。

栽培关键要点：果实成熟后挂果期较长，不影响品质，整个采收期可以采收2～3次。

图2–35 ‘春高’品种的果实

18. Suziblue

中文名：‘苏西蓝’‘苏斯蓝’‘熟自蓝’

来源：2009年美国佐治亚州选育的品种。

果实特性：果实大，果肉硬度较高，果皮蓝色，果蒂痕较小（图2–36），果粉中厚，果实酸甜口，风味较好。

生长结果习性： 早熟品种，比‘春高’早熟3～5 d。树冠开张，树势强，虽然冬季温度较高时部分叶片不脱落，但春季萌芽率仍然较高。低温需冷量400～450 h。在四川省西昌市种植时，植株常绿，果实在4月下旬开始成熟，6月中旬采收结束。

栽培关键要点： 适应性强，满足累计低温需冷量要求的地区就可以正常生长发育。早期产量较高，易获得丰产。

图2-36 ‘苏西蓝’品种的果实

19. Ureka

中文名： ‘优瑞卡’

来源： 极早熟、特大果型的专利品种。

果实特性： 果实大至极大，扁圆形，最大果粒可达15 g以上，果实暗蓝色，果粉中厚（图2-37），甜度大，有香味，硬度较高，耐贮运性极强。

生长结果习性： 极早熟品种，从开花到果实成熟约40 d。植株生长旺盛，半直立型，株高约1.5 m，树冠宽度约2.2 m。开花非常早，该品种需要非常少的低温需冷量，仅需100 h，是目前极优秀的鲜食品种之一，适合在南方大部分地区种植。在北方温室种

图2-37 ‘优瑞卡’品种的果实

植，可在春节期间成熟。可耐冬季-32 ℃低温。耐旱，对土壤有较强的适应性，易于栽培。该品种丰产性强，耐运输。

栽培关键要点：‘追雪’为其授粉树时坐果率较好。花期遇到10 ℃以下低温时，果实膨大困难，坐果率低。花期较早，注意预防晚霜和低温伤害。

20. Sunshineblue

中文名：‘阳光蓝’

来源：20世纪80年代美国农业部推出的品种。

果实特性：果实大，果实扁圆，果蒂痕小而干，（图2-38），果形指数0.87，果面平滑，平均单果重3.02 g，可溶性固形物含量14.05%，有机酸含量0.56%，维生素C含量5.07 mg/100 g，花青素含量142.31 mg/kg。果甜多汁，酸味中等，风味好，果汁pH为中等耐贮运，产量中等。

生长结果习性：中晚熟品种。树势中等，半直立，株高约0.9 m，细枝较多。土壤pH适应性较广，适应性强。花粉红色，常绿灌木，适合庭院栽培。低温需冷量150 h。可自花授粉，宜搭配授粉树。

栽培关键要点：侧枝萌芽率极高，细枝多，在新梢生长期须进行枝梢疏除，培养健壮枝组，来促进果实膨大。

图2-38 ‘阳光蓝’品种的果实

三、北高丛蓝莓品种群

北高丛蓝莓品种群原产于美国东北部，分布在河流边缘沙质地、沿海柔软湿地、内陆沼泽地及山区疏松土壤地区，要求湿度大，喜冷凉气候，抗寒力较强，有些品种可抵抗冬季-30 ℃低温，适于在我国北方沿海湿润地区及寒冷地区栽培发展。此品种群显著特点是株高1～3 m，果实较大，品质极佳，鲜食口感较好，可以作为鲜食品种栽培，也可以作为加工原料或庭院栽培（图2-39）。目前世界上共有100多个品种，不同熟期的品种组合后，果实采收期可持续100余天，是目前世界范围内栽培最为广泛、栽培面积最大的品种群。对土壤条件要求严格。适合于寒冷地区栽培，不耐夏季高温、多湿和干燥环境。有较长休眠期，需冷量较长，在我国主要在山东以北地区栽培。目前我国引种栽培的主要品种如下。

图2-39　北高丛蓝莓植株

1. Sweetheart

中文名：‘双丰’‘甜心’

来源：2010年美国佐治亚大学选育的专利品种，亲本为南高丛TH275×北高丛G567，有15%的南高丛蓝莓血缘。

果实性状：果实中等大小，平均单果重1.6 g，果实纵径11 mm、横径16 mm，果扁圆形，果粉厚，外观呈现亮蓝色（图2-40），风味极佳，具有独特的杧果果香味。果肉硬度高，耐贮藏性中等。

生长结果习性：早熟品种。植株生长旺盛，树姿半开张，株高1.2～1.8 m。

枝条粗度中等。花冠较大，呈现圆柱状，浅粉色至深粉色。果实成熟期集中，成熟期与‘都克’相似。丰产性好，栽培易获得高产或极高产，盛果期单株产量6.8 kg，比‘都克’丰产25%。低温需冷量400 h。易于二次开花，二次花于果实成熟后陆续开花，7月末至8月初二次果陆续成熟，有时出现三次开花现象。越冬时少量顶花芽抽条，抗寒性与‘蓝丰’相似，半致死温度为-23 ℃，在寒冷地区栽培易受晚霜危害。可耐较高土壤pH。适应范围较广，我国辽东半岛到云南均可栽培，是被认为可以代替‘都克’的优良品种。

栽培关键要点：花芽量过多，需要重修剪来集中养分促进果实增大，提高品质。果实成熟期要及时采收，以保证果实品质。若要利用多次开花调整果实采收时间，需要在生育期进行修剪，以集中养分促进花芽分化，提高果实的品质和产量。

2. Lateblue

中文名：‘晚蓝’

来源：1967年美国新泽西州推出的品种，亲本为‘Herberd’×‘康维尔’。

果实性状：果实中等大小，果皮亮蓝色，果粉厚，果蒂痕小（图2-41），果实硬度高，耐贮运。果实可溶性固形物含量12.0%，果汁pH为3.07。果味香浓，口味极佳。

图2-40 ‘双丰’品种的果实

图2-41 ‘晚蓝’品种的果实

生长结果习性：晚熟品种。树势强，植株直立。果实比‘康维尔’晚熟

7 d，成熟期较集中，成熟后可保留在树体上，品质不下降。丰产稳产，单株产量4～5 kg。

栽培关键要点：果穗比较松散，适合机械化采收；成熟后延迟3～5 d采收，果实品质更佳；极耐寒，低温需冷量比较长，在四川省西昌市露地栽培时有低温需冷量不足问题；在温暖地区栽植长势比较弱。

3. Aurora

中文名：‘奥罗拉’‘黎明女神’

来源：2003年美国密歇根州选育的品种，亲本为‘布里吉塔’×‘艾利奥特’。

果实性状：果实中大，扁圆形，果皮深蓝色，有果粉，果蒂痕小（图2-42），风味偏酸，口感一般，平均单果重1.5 g，比‘艾利奥特’果实稍大。果实硬度高，耐贮运，适合远销。

生长结果习性：中熟品种，植株生长势强，直立到半开张，树体强健，株高1.5 m。基生枝萌发能力强，每年能发5～6个基生枝，成熟枝灰绿色。叶缘光滑。丰产性强。极抗寒，低温需冷量800～1 000 h。成熟期比‘艾利奥特’晚2～3 d。

栽培关键要点：花期遇低温，容易出现浆果不膨大问题，需要将环境温度控制在10～30 ℃。

图2-42　‘奥罗拉’品种的果实

4. Bluecrop

中文名：‘蓝丰’

图2-43 ‘蓝丰’品种的果实

来源：1952年美国新泽西州选育的品种，亲本为（‘泽西’×‘先驱者’）×（‘Stanley’×‘六月’）。

果实性状：果实中等偏大，硬度较高，果皮淡蓝色，果蒂痕小而干，果粉厚（图2-43）。果实未完全成熟时偏酸，完全成熟时风味较好，微酸，品质中上，可溶性固形物含量14.0%，果汁pH为3.3，柠檬酸含量0.6%～0.7%，具有淡淡的芳香味，是鲜果销售的优良品种。

生长结果习性：中熟品种。植株生长健壮，直立，结果后开张。幼树枝条柔软，结果量多时枝条容易下垂。果实完全成熟后在树上挂1个月不落果，且品质没变化，适合机械化采收。较丰产，且连续丰产能力强，单株产量5.4～9.0 kg。秋季树叶转为火红色，较美观。抗寒性较强，休眠期可耐冬季-32 ℃低温。耐晚霜。抗旱性强。该品种是较优良的鲜食品种之一，也是我国蓝莓栽培面积最多的北高丛品种。抗寒、抗旱、丰产且可连续结果。丰产能力强是该品种长盛不衰的主要原因。

栽培关键要点：极丰产，冬春季节需要进行疏花修剪，否则果实较小；在胶东半岛以北地区栽培越冬要进行防寒，否则容易出现花芽受冻、产量低等问题。

图2-44 ‘德雷珀’品种的果实

5. Draper

中文名：‘德雷珀’

来源：2003年美国密歇根州选育的品种，亲本为‘都克’×G751。

果实性状：果实大，硬度高，果皮紫罗兰色，果蒂痕小（图2-44），平均单果重1.6 g。比‘蓝丰’早熟5 d，果实硬度强于‘都克’和‘蓝丰’，风味极佳，被认为是最好的鲜食风味中熟品种。

生长结果习性：中早熟品种。树形直立，饱满，树势中等，株高1.5 m，一年可发2～3次基生枝，节间长约2 cm。

果实耐贮运，对果实腐烂病的抗性也强于‘蓝丰’，丰产性同于‘都克’，低于‘蓝丰’。早产，连续丰产能力强。抗寒性强，比较适合冬季比较寒冷地区大量栽培，我国蓝莓产区已经开始试栽试种。

栽培关键要点：在温暖地区栽培时叶芽的低温需冷量容易不足，建议在辽东半岛等地区类似条件下作为中熟品种栽培。在四川省西昌市露地栽培时，易出现低温需冷量不足的问题。

6. Duke

中文名：‘杜克’‘都克’‘公爵’

来源：1986年美国新泽西州和农业部选育的品种，亲本为（‘Ivanhoe’×‘早蓝’）×（E-30×E-11）。

果实特性：果实中等偏大，硬度高，果皮浅蓝色，果蒂痕中等大小且干（图2-45），风味柔和清香、淡雅，可溶性固形物含量12.0%，果汁pH为4.9，外形美观，适合鲜食。

生长结果习性：植株生长健壮，树冠直立，在栽培管理水平较低的情况下，树势会随着栽培年限的增加而衰弱，栽培中要格外重视土壤的改良。早熟，极为丰产、稳产。抗寒性较强，在我国黑龙江哈尔滨地区可进行露地栽培，是全世界温带地区栽培最广泛的品种，我国蓝莓产区也开始作为主栽品种进行栽培。

栽培关键要点：需要搭配授粉树，授粉树以‘蓝丰’品种为佳。植株极抗寒，但植株根系容易受低温伤害，在寒冷地区须注意根系防寒。低温需冷量较长，在四川省西昌市露地栽培时叶芽表现出明显的需冷量不足现象。

图2-45 ‘都克’品种的果实

7. Liberty

图2–46 ‘自由’品种的果实

中文名：‘自由’

来源：2003年美国密歇根大学推出的品种，为‘Brigita’×‘Eliot’杂交而成。

果实性状：果实大，单果重约2.5 g，扁圆形，极其悦目的蓝色，果蒂痕小而干（图2–46），果实质地较硬，耐贮运性较好。果实风味佳，被认为是鲜食品质较好的品种。

生长结果习性：晚熟品种。植株长势强，树形半开张或直立，基生枝多。我国引进栽培时间较短，目前栽培面积较少。坐果率较高，早产，丰产性强。低温需冷量1 000 h以上。较耐寒，对不同区域的土壤及气候适应能力较强。可以在大部分南方地区和北方露地或避雨条件下种植。对枝条真菌性病害较敏感。

栽培关键要点：对氮肥需求量较低，对土壤有机质含量要求较低。果实完全着色后3～5 d采收，可有效提升鲜食口感。在修剪管理好的条件下，易于丰产、稳产。栽培容易成功。要获得较大的商品果，需要通过修剪控制花果量。需要配置授粉树，提高果实品质。

8. Bluegold

中文名：‘蓝金’

来源：1988年美国农业部选育的品种，亲本为（‘蓝天’×ME–US55）×（‘Ash–worth’×‘蓝丰’）。

果实特性：果实中等大小，悦目天蓝色，果粉厚，果蒂痕较小而干，果实整齐度好（图2–47），硬度高，颜色靓丽，香味浓，鲜食略有酸味，可溶性固形物含量14.0%，果汁pH为3.5。

生长结果习性：中晚熟品种。树体生长健壮，树形直立，树冠矮小紧凑，圆球形，结实后开张，株高1.0～1.5 m。易于萌发基生枝，结果枝容易更新。在辽东半岛表现出极其优良的性状，3年单株产量2～3 kg，比‘蓝丰’晚熟1 周。果实非常耐贮运，货架期非常长，成熟期集中，可以作为鲜食市场或加工兼用的优良品种。成熟期短，人工采摘和机械采收均可。抗寒力极强，我国北方寒冷地区有部分栽培。品质佳，耐贮运，有较强的市场竞争力。

栽培关键要点：需要重剪以增大单果重。品种耐热性较差，叶片容易发生热伤害。

图2-47 ‘蓝金’品种的果实

9. Bluetta

中文名：‘蓝塔’

来源：1967年美国新泽西州农业试验站选育的品种，亲本为（‘North Sedwick’×‘康维尔’）×‘早蓝’。

果实特性：果实中等大小，扁圆形，果皮亮蓝色，果蒂痕小且干（图2-48），有香味，质地硬，甜味大，酸味小，果粉多，有香味，口味比其他早熟品种佳，可溶性固形物含量14%，果汁pH为3.89。

生长结果习性：早熟品种。树体中等健壮，生长势强，树形直立，矮而紧凑。枝条生长量小，丰产性中等。抗寒，不易受晚霜危害，低温需冷量800 h以上。裂果少，耐贮运。耐热性较强。自交可结实。喜欢排水良好的土壤。我国不少蓝莓产区有引种栽培。

栽培关键要点：对土壤的pH要求严，当土壤pH不适时，容易出现缺铁症状。

图2-48 ‘蓝塔’品种的果实

10. Brigitta blue

中文名：‘布里吉塔’‘百利吉塔’‘伯吉塔蓝’

来源：1980年澳大利亚选育的品种，由‘晚蓝’的自然授粉的后代中实生

图2-49 ‘布里吉塔’品种的果实

选育而来。

果实特性：果实大，中等蓝色，果蒂痕小而干（图2-49），可溶性固形物含量14.0%，果汁pH为3.30，香味浓，果味酸甜适口，是同一熟期中风味较好的品种。果肉硬度高，耐贮运。

生长结果习性：晚熟鲜食专用品种。树势强，树冠直立。抗寒性中等。土壤适应性强。适合机械化采收。因其极丰产、果实大且品质佳、鲜食品质好，所以该品种一直是澳大利亚和智利的主栽品种。

栽培关键要点：花期温度过高时不易坐果，不适合冬季温度过低的地区露地栽培。我国各蓝莓产区均有栽培，北方高寒地区主要用于温室栽培。胶东半岛以北地区栽培存在花芽分化不良，产量低、越冬抽条等问题，云贵川等中等海拔地区栽培表现好，露地种植在四川省凉山州昭觉县2 600 m海拔时，春季容易出现抽条和花期晚霜危害。

图2-50 ‘早蓝’品种的果实

11. Earliblue

中文名：‘早蓝’

来源：1952年美国新泽西州选育的品种，亲本为‘Stanley’×‘威口’。

果实特性：果实大，扁圆形，悦目蓝色，果肉硬度较高，果蒂痕小而干，果粉厚（图2-50），香味浓郁，不裂果，不落果，有香味，芳香宜人，甜味大，酸味小，口味佳。

生长结果习性：极早熟品种。树体健壮，树冠开张，生长势强。

果柄与果实不易分离，果实耐贮运。丰产稳产，单株产量3.6～6.8 kg。抗寒性强，可耐冬季-32 ℃低温。不抗根部癌肿病。

栽培关键要点：叶片容易出现黄化症状，要及时调节土壤pH。过熟后果实风味会下降，要及时采收。宜选用‘泽西’和‘蓝丰’作为其最佳授粉品种。

12. Patriot

中文名：‘爱国者’‘北卫’

来 源：1975年美国缅因州和农业部选育的品种，亲本为‘Dixi’ ×Michigan LB-1。

果实特性：果实大，略扁圆形，悦目蓝色，果蒂痕小且干（图2-51），果肉硬度较高，质地硬，香味浓郁，风味好，可溶性固形物含量14.5%，果汁pH为3.7，不耐贮运。果穗大而紧密。

图2-51 ‘爱国者’品种的果实

生长结果习性：中熟品种。树势强，树形直立至半直立，树冠较矮。枝条红色，生长旺盛，枝梢短。一般分两次采收，第一次采收80%，若采收过早，果皮呈现深红色，不受市场欢迎。抗寒性强，为北方高寒地区鲜食市场销售和庭院栽培的首选品种，适合自采自摘种植。耐寒性强，可耐-29 ℃冬季低温。抗根腐病。耐潮湿黏重的土壤。

栽培关键要点：花期较早，容易遭受晚霜危害。

13. Reka

中文名：‘瑞卡’

来源：1986年新西兰选育的美国专利品种，亲本为E118（‘Ash-worth’×‘早蓝’）×‘蓝丰’。

果实特性：果实中等大小，果实直径12～14 mm，平均单果重1.8 g，果皮暗蓝色（图2-52），硬度较高，风味较好，适合作为加工原料。果穗大而松散，

图2-52 ‘瑞卡’品种的果实

利于采摘。

生长结果习性：早熟品种。树势强，植株生长健壮，树冠直立。丰产能力极强，进入丰产期早，单株产量约12 kg。抗寒性强，对不同类型土壤适应性强。我国蓝莓产区有部分栽培，对于我国南北气候条件表现出较好的适应性。

栽培关键要点：幼树生长缓慢，一般定植后3年才能形成树冠。花芽量大，栽培时需要修剪花芽，合理控制负载量。在四川省西昌市露地栽培时，叶芽的低温需冷量不足，新梢萌发较晚，成枝力较弱。

14. Spartan

中文名：‘斯巴坦’

来源：1978年美国农业部和新泽西州推出的品种，亲本为‘早蓝’×US11-93。

果实特性：果实大或极大，单果重2.6 g，最大果重可达6 g，果皮浅蓝色，果粉少，果蒂痕小而干（图2-53），硬度高，可溶性固形物含量14.0%，果汁pH为4.4，香味和风味均衡，风味极佳，适合鲜食或做果酱。

图2-53 ‘斯巴坦’品种的果实

生长结果习性：早熟品种。树形直立，生长势强。成熟期集中，易于采摘，机械采收1～2次即可完成收获。产量中等，对土壤通气性要求较高，喜欢排水良好、有机质高的土壤，在黏土上种植发育不良，容易出现缺素症。抗枝条和果实的干腐病，略抗僵果病，对茎干溃疡病敏感。抗寒性强，丰产性强，开花晚，不易遭受晚霜危害。雨后不裂果，是适合自采自摘的早熟品种。我国蓝莓产区有少量栽培。

栽培关键要点：对土壤pH要求严格，黏土或土壤的pH过高时容易出现红叶的缺素症。

15.Toro

中文名：‘陶荣’‘托荣’‘陶柔’

来源： 1987年美国农业部选育的品种，亲本为‘早蓝’×‘Ivanhon’。

果实特性： 果实中等大小，果皮深蓝色，果粉多，果蒂痕较小（图2-54），果肉硬度较高，耐贮运，可溶性固形物含量13.0%，果汁pH为4.3，浓香，风味较好。

生长结果习性： 中熟品种。树势强，树冠直立至开张。成熟期与‘蓝丰’相同。抗寒性强，丰产、稳产。

图2-54 ‘陶柔’品种的果实

栽培关键要点： 果穗中大，果实挂果期长且不影响品质，可分2次采收完成，也适合机械化采收。植株不耐阴。

四、半高丛蓝莓品种群

半高丛蓝莓品种群是由高丛蓝莓和矮丛蓝莓杂交培育而成的品种群，美国密西根大学和明尼苏达大学率先开展此项工作。当时的育种目标是通过栽培类群间的杂交，选育大果、抗寒性强、品质好、树体矮化的品种，以适应北方寒冷地区的气候环境条件。该品种群的品种结合了矮丛蓝莓的植株矮小、抗寒性强的特点，也展现了高丛蓝莓果实品质优良的特点，具有耐寒和早结果的特点，株高一般50～100 cm（图2-55），果实比矮丛蓝莓大，比高丛蓝莓小，但抗寒性强，一般可耐-35 ℃冬季低温。该类群品种产量不如北高丛蓝莓，但果实保留了亲本野生矮丛蓝莓的风味，品质较好。该类群的品种低温需冷量较高，一般为1 000～

图2-55 半高丛蓝莓植株

图2-56 ‘北陆’品种的果实

1 200h。目前在我国常见的引种品种如下。

1. Northland

中文名：‘北陆’‘北路’

来源：1968年美国密西根大学选育的品种，由‘伯克利’×（‘Lowbush’×‘先驱者’实生后代）杂交育成。

果实特性：果实中等大小，扁圆形，果皮蓝色，果肉硬度中等，果肉紧实，硬度较软，多汁，酸味中等，果味好，可溶性固形物含量12.0%，果蒂痕较小（图2-56）。

生长结果习性：中早熟品种。树势强，树冠直立，株高可达120 cm，萌芽率高，是美国北部高寒地区主栽品种。成熟期较集中，极丰产。抗寒性强。我国自2000年推广以来，以其极强的适应能力、管理容易和极丰产的性能，成为我国北方蓝莓产区的主栽品种，表现出生长势强、丰产、越冬不抽条或抽条很少的优良特性。土壤适应性较强，可在pH为6.0的土壤上正常生长发育。

栽培关键要点：果实遇雨后容易裂果，宜在设施条件下栽培。低温需冷量较高，在四川省西昌市露地栽培时，叶芽萌芽率极低，新梢萌发较晚，果实商品性较差。

图2-57 ‘北蓝’品种的果实

2. Northblue

中文名：‘北蓝’‘北青’

来源：1983年美国明尼苏达州选育的品种，由Mn-36×（B-10×US-3）杂交育成。

果实特性：果实中等偏大，果皮暗蓝色，果肉硬度较高，果粉较少，果蒂痕中等大小（图2-57），风味微偏酸，鲜食风味中等，耐贮藏。

生长结果习性：中晚熟品种。树势强，生长健壮，树冠开张，萌芽率高，株高约60 cm，叶片暗绿色，有光泽。丰产性好，单株产量1.3～3.0 kg，在温暖地区产量有所增加。抗寒性较强，可耐-30 ℃低温。排水不良时，容易感染根腐病。适合我国北方寒冷地区鲜果栽培种植或自采自摘生产。品种表现出高产、大果特性。不适合机械采收。

栽培关键要点：在修剪期，除了及时疏剪枯枝外，不需要进行特意修剪，可自然成形。果实酸度较高，适合于加工利用。

3. Northcuntry

中文名：‘北村’‘北春’

来源：1986年美国明尼苏达州选育的品种，由B-6［G65（‘早蓝’×US11-93）×‘Ash-worth’］×R2P4杂交育成。

果实特性：果实中等大小，果皮亮蓝色，果蒂痕中等大小（图2-58），果肉柔软，口味甜酸，风味佳，耐贮藏。

图2-58 ‘北村’品种的果实

生长结果习性：中早熟品质。树势中等，树冠开张，健壮，株高45～60 cm，冠幅约1.0 m。萌芽率高，抗寒性强，早产、丰产，连续丰产能力强，单株产量1.0～2.5 kg。叶小型，暗绿，秋季变红叶，树姿优美，适于观赏。适合我国北方寒冷产区栽培和自采自摘生产栽培。该品种在我国长白山地区栽培表现为丰产、早产、抗寒，可露地越冬，为高寒山区蓝莓栽培的优良品种。果实鲜食口感极佳，采收期较长，适于庭院栽培和建立采摘园。

栽培关键要点：秋季随着气温降低，叶片变红叶，树姿优美，适于庭院观赏种植。种植3～5年后可以采用平茬修剪来更新枝组，从而提高果实品质和产量。

4. Polaris

中文名：‘北极星’

图2-59 ‘北极星’品种的果实

来源：1996年美国明尼苏达州选育的品种，由‘蓝塔’×（G65×‘Ash-worth’）杂交育成。

果实特性：果实中等大小，果皮淡蓝色，果蒂痕中等大小（图2-59），果肉质地硬且脆，可溶性固形物含量13.5%，果汁pH为4.4，有芳香味、口感好。小而干，耐贮存能力极强。

生长结果习性：中早熟品种，熟期比‘北蓝’早熟1周。树体生长健壮，直立，树冠矮小，株高约1.0 m。丰产，果实成熟期一致，单株产量1.5～4.5 kg。抗寒性强，适合我国寒冷产区栽培或自采自摘生产。

栽培关键要点：需要配置授粉树，否则坐果率极低。

5. St.Cloud

中文名：‘圣云’

来源：1991年美国明尼苏达州选育的品种。

图2-60 ‘圣云’品种的果实

果实特性：果实中等大小，果皮蓝色，果蒂痕小且湿（图2-60），肉质硬，果味好，可溶性固形物含量11.5%，果汁pH为3.6，鲜食口感好。

生长结果习性：早熟品种。树体生长健壮，直立，树冠中等，株高1.0 m左右。丰产性和抗寒性极强，在长白山地区可露地越冬，适合我国寒冷产区栽培和自采自摘生产。该品种果实采收时，以供应本地市场为目标，不适于远销。花期较晚，可以避开晚霜危害。

栽培关键要点：成熟后不及时采收，果皮容易出现撕裂现象，因此要适时采收。

五、矮丛蓝莓品种群

矮丛蓝莓又叫野生蓝莓，经济价值较高，主要为狭叶越橘及其变种。矮丛蓝莓依靠地下茎繁殖蔓延，定期焚烧或平茬可使其群落复壮，是纯天然的绿色食品。果实主要用于加工。该类群野生植株生长在开阔地酸性土壤上，包括在高山沼泽、干旱沙地、草炭荒地、弃荒草场等地；也有分布在排水良好的沙土地、干燥高地、湿润沼泽地和山地的。原主产区在美国的缅因州和加拿大的魁北克省、新不伦瑞克省、新斯科舍省和爱德华王子岛，以及加拿大的哥伦比亚省到美国的纽约州、宾夕法尼亚州、印第安纳州和弗吉尼亚州。

该类群品种的特点是树体矮小，株高30～50 cm（图2-61），果实约0.3～1.0 g，圆形，浅蓝色，果皮厚，稀鲜食，主要用于加工。具有一定的抗旱能力，且抗寒能力极强，在-40 ℃冬季低温地区可以栽培，有30 cm厚积雪即可保证树体安全越冬，没有积雪地区需要越冬保护，以免抽条。目前在我国高寒地区栽培面积较多。其栽培管理技术比较简单，可在东北高寒山区大面积商业化栽培。但由于果实较小，主要用于加工成果脯、果汁和果酒等商品，其品质较高。因此，大面积商业化栽培矮丛品种群时需要发展配套的果品加工产业。我国目前常见的引种栽培品种如下。

图2-61　矮丛蓝莓植株

1. Blomidon

中文名：‘美登’‘布罗密顿’

来源：1970年加拿大推出的品种，由‘Augusta’×451杂交育成。

果实特性：果实较大，圆形，果皮淡蓝色，果皮有较厚的果粉（图2–62），风味好，有清淡爽口的香味。平均单果重0.8 g，可溶性固形物含量16.7%，可滴定酸含量0.88%，出汁率约70%。

图2–62 ‘美登’品种的果实

生长结果习性：中熟品种。树体健壮、丰产，抗寒力极强，在休眠期可抵抗–40 ℃低温，在我国长白山区栽培5年树龄的植株平均单株产量0.83 kg，最高1.59 kg。

栽培关键要点：抗寒性强，在长白山地区可露地越冬，是高寒山区首推的耐寒品种。在长白山地区7月中旬成熟，成熟期相对一致。对细菌性溃疡病抗性中等，虫害少。平茬修剪可提高果实品质和产量，可以进行分片区的隔年平茬管理。

2. Chignecto

中文名：‘芝妮’

来源：1964年由加拿大农业部肯特维尔研究中心选育而成。

果实特性：果实近圆形，果皮粉蓝色（图2–63），果粉厚，果实直径0.8 cm，单果重0.45 g，果穗比‘斯卫克’大，果实花青素含量为6.3 g/kg。

图2–63 ‘芝妮’品种的果实

生长结果习性：中熟品种，较丰产，树体生长健壮，基生枝条长可达80 cm。叶片狭长，果实成熟期不一致。

栽培关键要点：抗寒性强，长白山地区可露地越冬。植株易于繁殖。可以作为提取色素的主要原料品种。

3. Brunswick

中文名：‘斯卫克’

来源：1965年由加拿大农业部肯特维尔研究中心选育的品种。

果实特性：果实球形，中等蓝色（图2–64），比‘美登’果实大，平均单果重1.25 g，果实成熟期较一致，果穗紧凑，每个果穗约有20个单果。

图2–64 ‘斯卫克’品种的果实

生长结果习性：中熟品种。树体生长旺盛，株高30 cm，较丰产，在长白山地区7月下旬成熟。

栽培关键要点：抗寒性强，在长白山区可露地越冬，对土壤适应性比较强。‘斯卫克’作为授粉品种较好。

4. Fundy

中文名：‘芬蒂’

来源：1969年由加拿大农业部肯特维尔研究中心选育而成，为‘奥古斯塔’自然授粉的实生后代。

果实特性：果实略小于‘美登’，平均单果重0.7 g，果实淡蓝色，果粉厚（图2–65）。

图2–65 ‘芬蒂’品种的果实

生长结果习性：中熟品种。树体生长极其健壮、旺盛，枝条长可达40 cm，丰产，早产。果穗生长在直立枝条的上端，易于采收。成熟期一致，抗寒性中等，丰产。

栽培关键要点：需要搭配授粉树，可与‘美登’成为配套栽培的授粉树。

第三章

Chapter 3

蓝莓物候期及周年管理技术

本章从蓝莓植株每个物候期的典型特征特性着手，以图文结合方式展示植株的特征特性；结合该时期相应的栽培管理技术，以图解方式将栽培和管理技术展现出来，尽可能把蓝莓种植的周年管理技术形象化，达到简单明了、通俗易学的目的。

以物候期命名，对花、果、枝的重要时期的发育状态进行阐述，结合周年的主要的栽培措施，如杂草控制、肥水管理、苗木定植移栽、修剪、种苗繁育、病虫害防控以及采收等田间管理技术展开详述，周年栽培工作历见表3-1。

表3-1 蓝莓周年栽培工作历（物候期与栽培管理措施）

	物候期												
管理措施	萌芽前	花芽萌动期	萌芽期	开花期	落花期	青果期	果实着色期	新梢黑尖期	果实成熟采收期	采收结束期	叶片变色期	落叶期	休眠期
杂草	及时清理杂草												
浇水	很重要	很重要	需要	控水	需要	很重要		需要	适当控水	需要	控水	很重要	土壤干旱时补充
施肥	×	追肥	×			追肥		×		追肥	×		
定植或移栽	可以	北方最佳时期		可以							南方最佳时期		
苗木繁育	嫁接	硬枝扦插		茎段或茎尖组培		绿枝扦插嫁接			幼苗移栽和抚育				
修剪	休眠期修剪	疏花抹芽				摘心或短截				夏季修剪	秋季修剪		
土表层覆盖		定植后覆盖				补充覆盖物					补充覆盖物		
病虫害防治	基础防治		蚜虫防治	病虫鸟害防控					防鸟				鼠害防控
授粉	×			很重要	×								
采收	×								采收	×			

一、萌芽前

入春后，当夜间温度上升超过0 ℃时，蓝莓根系开始活动，而植株地上部分仍处于冬季休眠状态（图3-1），但植株内部的理化指标已经发生剧烈的变化，此时开始进入蓝莓生长季节的管理。这个时期主要的田间工作有清除杂草、清园及病虫害基础防治、浇萌芽水、修剪、嫁接等。

1. 清除杂草

植株进入生命活动前，清除杂草（图3-2）。在蓝莓植株的整个生育期间必须及时清除杂草，特别要清理掉杂草根系，以免与蓝莓植株根系争夺水分和养分。此项田间工作还有利于减轻病虫害的发生，集中肥水，有效提升果实品质。

图3-1　萌芽前蓝莓植株的状态

图3-2　人工清除杂草和草的根系

清除杂草的方法和途径较多，可以人工清除杂草，也可以采用地表覆盖方法避免或减少杂草滋生，目前最常用的方法是覆盖园艺地布（图3-3），还可以采用覆盖锯末、松针、秸秆、稻草等植物残体等多种方法。蓝莓地面覆盖中，塑料地膜覆盖应用较少，因为地膜透气透水性较差，在夏季果实膨大期时，容易造成地温过高，还会引起地面返碱，不利于蓝莓根系生长和发育。同时蓝莓栽培中不推荐喷施除草剂来抑制和清理杂

图3-3　覆盖园艺地布抑制杂草滋生

草，以免造成蓝莓植株叶片药害和果实农药残留。

2. 清园及喷施石硫合剂

结合杂草清除及时清理落叶，清扫田间或基质盆内落叶，生产区要干净整洁（图3-4），以免落叶上的病菌和虫卵残留在植株上，造成病虫害高发。清理结束后全园喷施3～5 °Bé的石硫合剂药剂，能有效杀灭大部分越冬的病菌和虫卵，减轻夏季的发病基数。尽量做到生长季节不使用化学农药防治病虫害，实现绿色或有机栽培。在整个生育期内，要及时清理田间枯叶杂草，减少病虫害来源。

3. 浇萌芽水

蓝莓在一年的生长发育中，有4个关键需水期，分别为萌芽前、开花前、果实膨大期和休眠前，这4个时期若水分不足，会造成减产，果实品质下降。杂草和落叶清理结束后，马上浇灌萌芽水。这个时期是植株进入生育期的第一个重要需水时期，此次萌芽水的灌溉量以浸透根系分布区域30 cm深和宽的土层为宜。浇水过多容易降低地温，不利于土壤温度的回升，地温回升慢或地温低容易造成根系活动晚，延迟萌芽和开花时期。若浇水不及时或浇水量不足，容易造成根系活动缺水，无法及时供给植株地上部分活动所需的水分和养分，造成地上部分抽条，严重时会造成整株地上部分死亡、绝产（图3-5）。

图3-4　田间清园后状态

图3-5　浇萌芽水不及时造成的抽条

春季的萌芽水宜在每天正午时段进行浇灌，且浇水次数不易太多，1周1次即可。浇水过多或早晚浇水容易降低土壤温度，造成萌芽延迟。此次浇水可以增加土壤含水量，有效防止早春干旱气候导致的枝条抽条；同时可以促进花芽萌动，开花整齐，且有利于萌芽整齐。

4. 修剪

萌芽前修剪又叫休眠期修剪，每个品种在这个时期都可以进行修剪。修剪的主要目的是调整植株花芽数量，平衡树势，协调营养生长和生殖生长、产量和果实品质的关系。蓝莓各个品种的树形树姿千差万别，修剪方法没有绝对的标准，应在掌握品种生长结果习性前提下，根据品种习性、植株长势和修剪反应，结合不同气候环境条件下生长发育的特点进行综合考虑，因树修剪，采取灵活的修剪方案。

蓝莓的花芽着生在结果枝顶端，生产中常常根据结果枝的长度来确定结果枝的花芽保留量。根据结果枝的长度，将结果枝分为短结果枝（<10 cm）、中结果枝（10～30 cm）、长结果枝（30～50 cm）和超长结果枝（>50 cm）4类（图3-6）。修剪时，长结果枝或超长结果枝保留6～8个花芽（40～60朵花），中结果枝保留3～5个花芽（20～40朵花），短结果枝保留1～3个花芽（低于20朵花）。有时也会根据枝条的粗度，将直径超过5 mm的枝条保留8个以上花芽，2.5 mm粗的保留5～8个花芽，细弱枝保留2～4个花芽。此次修剪时，应尽量保留粗枝结果，因为粗壮枝坐果率较高，且果实较大、品质最好。

图3-6 蓝莓的主要结果枝类型

休眠期的修剪可按照修剪步骤进行，能有效地提高工作效率，主要有5个步骤。①整体观察树形、树姿和树势，根据目标产量，确定保留的主干数量和每个主干的结果母枝及结果枝条数量。一般情况下，每株可保留3～8个主干，生长健壮和长势强的品种保留5个以上主干，长势中庸品种保留3～5个主干。②剪除植株下部30 cm以下的下垂枝、细弱枝、病虫枝、枯死枝、衰老枝和根蘖枝，按预期主干枝数量剪留基部萌发强壮的主干枝。③剪除保留的主枝上部的细弱枝、病虫枝、过密枝、重叠枝、内膛枝、衰老枝等，改善植株的通风透光条件，减少病虫害发生；若主枝上侧枝萌发量较大，需要疏除树冠内膛枝，以免花后树冠郁闭。④植株上部花芽部位的修剪，主要目的是控制坐果量，确保不同长度或粗度的枝条有合理的负载量，尽量选留长枝和粗壮枝结果。⑤再整体观察一遍树形，查漏补缺。

1）修剪步骤

（1）观察该品种的树形、树姿及生长形态，如图3–7所示。该植株为定植后第三年，树形较直立，长势中等，不同类型的枝条都有，因此可以在保持原有自然直立树形情况下，进行适当疏剪，保留5个健壮的主干枝。

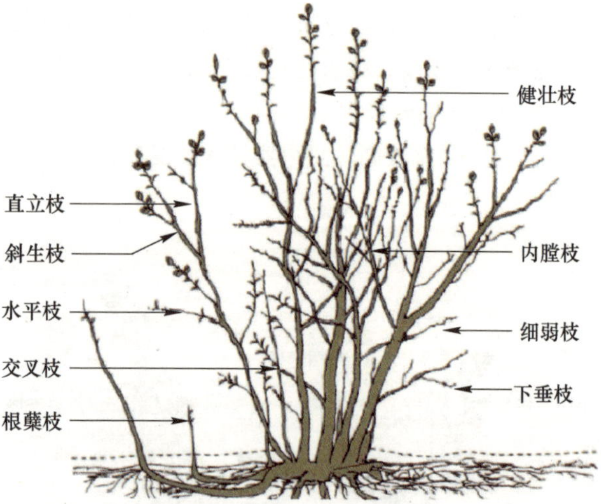

图3–7 树形树姿观察（原图引自玉田孝人）

（2）根据修剪步骤，修剪植株下部30 cm以下的根蘖枝、细弱枝、病虫枝、下垂枝、枯萎枝等，选留5个基部萌发的强壮枝作为主枝培养（图3–8）。修剪后植株根茎上方通风透气性增强，便于田间管理（图3–9）。

图3-8　剪除植株下部30 cm 内的细弱枝等（修剪前）

图3-9　剪除植株下部细弱枝等（修剪后）

（3）按照修剪步骤，剪除保留的主干枝上的细弱枝、病虫枝、过密枝、交叉枝、重叠枝、内膛枝、衰老枝等，增强植株内外的通风透光条件（图3-10）。经过主枝上部枝条的疏除后，每个主干以一级或二级侧枝作为结果枝，共有30余个结果枝，符合第三年植株的枝条生长量。在达到扩大树冠培养目的的同时，适当保留了一定数量的结果枝，可以获得一定的产量（图3-11）。

图3-10　剪除主枝上的细弱枝等（修剪前）

图3-11　剪除主枝上的细弱枝等（修剪后）

（4）按照修剪步骤，修剪保留的5个主干枝上部枝条，以控制坐果量，保证长枝、粗壮枝结果，主要采用结果枝短截的方法（图3-12）。不同长度的结果枝中，超长且较粗壮的结果枝可以保留10个左右花芽，长结果枝保留6～8个花芽，每个结果枝能有40～60朵花开花结果；中结果枝保留3～5个花芽，每个结果枝有20～40朵花用来开花结果；短结果枝保留1～3个花芽，有20朵之内的花用于开花结果。在植株中部，对主干枝上中下部的侧枝进行中短截或重短截，每个主干枝上短截1～3个侧枝，促进下部萌发健壮的营养枝条，为植株开花结果提供养分的同时，用于下一年开花结果。

（5）以上修剪步骤完成后，对整个植株进行整体观察，查漏补缺，确保有合理的主干枝、结果母枝和结果枝数量，检查结果枝的花芽保留情况是否达到预期目标。最后检查修剪手法是否正确合理，比如去除短截或疏枝过程中有没有修剪彻底的小桩，是否将基部30 cm之内短桩清除彻底等（图3-13）。

图3-12　植株上部枝条修剪以控制花果数量（修剪前）

图3-13　植株上部枝条修剪以控制花果数量（修剪后）

图3-14　疏除时紧贴主干枝

2）修剪方法

蓝莓休眠期的修剪，最常用疏枝、短截、回缩、平茬和长放等修剪方法，以保留长枝、粗壮枝来结果，保证结果枝的分层分布，通风透光。

（1）疏枝

保留主干枝外，疏除株丛下部30 cm以下萌发的根蘖枝、细弱的基生枝；同时疏除主干枝上萌发的细弱枝、衰老枝、病虫枝、过密枝、交叉枝、重叠枝、内膛枝等。疏枝时剪口要紧贴分枝部位，或紧贴基部与主干枝的分杈口，修剪时尽量剪小剪口，便于伤口愈合（图3-14）。

疏枝时不能留小桩，要紧贴枝条基部疏除，否则后期会在小桩的中上部萌发2～3个细弱枝，反而削弱了树势，不利于剪口愈合，还容易滋生病虫害（图3-15）。定植2年以上的苗木，想要将健壮的基生枝培养成主干，一般进行轻短截或中度短截，不进行重短截或极重短截，以免枝条长势反而被衰弱，影响植株整体的营养水平，还影响通风透光，增加病虫害滋生的可能。

图3-15 疏枝时错误修剪手法——留桩

（2）短截

短截主要针对幼苗和花芽分化较好的蓝莓品种，如‘粉蓝’‘灿烂’等兔眼蓝莓品种。根据结果枝的长短和粗度保留适当的花芽数量，对枝条顶端的花芽进行轻短截（图3-16）。此外，对没有花芽的健壮营养枝也要进行中短截或重短截，将其培养成主干枝，作为来年开花结果的主要枝组。同时，还需要对一些健壮的基生枝进行中度短截，用来培养成备用主干枝。

图3-16 休眠期结果枝短截调整花芽数量（短截前、短截后）

（3）回缩

回缩是短截2年或2年以上枝条或衰弱的结果枝组的修剪方法。回缩修剪与短截修剪的区别是，回缩的剪口在2年或多年生的枝条上，而短截剪口是在1年生枝条上。对蓝莓衰老的结果枝组回缩可以增强树势，增加植株透风透光能力，提升健壮枝坐果率和提高果实品质。老龄树更新复壮时最常用的修剪方法就是回缩，回缩时注意剪口不能留树桩，除非是在树冠中上部为了促进新梢萌发培养结果枝而进行的回缩，可以剪留2～3 cm的小桩，刺激其上的隐芽萌发成枝，其他大多数情况都不能留小桩（图3-17）。

（4）长放

长放也叫缓放，指不对枝条进行任何修剪处理。生长健壮的长结果枝上着生的花芽数量少于8个的枝条，一般进行长放；中长结果枝着生3～5个花芽的中庸枝条，也可以进行长放；有的品种结果枝上着生的花芽数量较少的，结果枝也可进行长放处理（图3-18）。

图3-17　回缩时剪口紧贴被回缩枝条基部

图3-18　花芽少的结果枝长放

（5）平茬

平茬修剪一般是针对矮丛蓝莓的栽培措施，一般2年平茬一次。矮丛蓝莓平茬修剪的方法是贴地面将所有枝条全部剪除（图3-19）。种植矮丛蓝莓时，

图3-19　矮丛蓝莓‘美登’平茬修剪

一般将矮丛蓝莓整个栽植区分为两个片区，一个片区进行平茬，另一个片区不修剪用于结果，两个片区交替轮回进行，保证每年都有产量。这种修剪方法生产的果实较大，产量高，可以增产50%，品质较好；且植株在田间生长旺盛，果实采收前基本没有病虫害，可实现有机生产栽培。

有些高丛蓝莓品种或兔眼蓝莓品种定植后，树龄超过15～20年时，也会进行平茬修剪以更新复壮。平茬时，主干枝也要紧贴地面进行剪截，地表面不能留主干桩，否则影响基生枝萌发，削弱树势，影响植株更新后的生长发育（图3-20）。

图3-20　北高丛蓝莓老龄树平茬1个月生长状

3）不同树龄植株的修剪

蓝莓通过修剪来控制坐果量，确保不同长度或粗度的枝条有合理的负载量，尽量保证壮枝结果，这个步骤是蓝莓休眠期修剪中难度最大、最不容易掌握的一步，也是蓝莓整个生命周期修剪中最困难的部分。控制坐果量、保留适当的花果数量，不同品种、不同树龄、不同长势的植株，修剪方法均不同，如幼树基本是去除花芽，而成龄树则要保留健壮枝的花芽。

（1）定植当年的植株修剪

生产栽培中多采用已越冬的1年生组培苗木定植，定植时一般萌发2～3个枝条，枝条顶端有时会形成1～2个花芽，如不进行修剪，任其开花结果，则会显著地影响新梢的萌发和生长。这种苗木修剪可以采用短截或疏花芽的方法，以去除花芽，保留健壮枝条生长为主。修剪步骤为，先剪除基部细弱枝等，然后再剪除上部细弱枝等，最后对健壮主枝进行中短截，即剪去枝条的1/2，以促进枝蔓萌发和生长（图3-21）。

（2）定植1年的植株修剪

苗木定植1年后，枝条顶端会分化出3～5个花芽，如果任其开花结果，则会抑制树冠扩大。为了增加枝条数量，保证树体旺盛长势，修剪方法以去除花芽为主。具体方法为：保留3～5个直立生长枝进行中短截，去除细弱枝、斜生枝、下垂枝，在适宜的位置保留健壮的基生枝，进行中短截后培养成主干枝，促进植株树体尽快成形，尽早进入丰产期（图3-22）。

图3-21　定植当年的植株修剪前后萌发情况

图3-22　定植1年的植株修剪（修剪前、修剪后）

（3）定植2年的植株修剪　定植两年后，树冠进一步扩大，主干枝上有健壮结果枝出现，保留部分花芽开花结果，单株产量控制在1 kg以下，为来年丰产打下良好的基础。主要修剪措施为：将萌发的直立性强的基生枝进行中短截培养成主干枝，斜生的萌蘖枝从基部疏除；每个主干中部健壮的侧枝，进行轻短截或中短截用于培养来年结果的健壮枝组；将每个主干枝上细弱枝、交叉枝、过密枝疏除；对主枝上的短果枝进行花芽短截或疏除，每个果枝保留1～2个花芽即可（图3-23）。

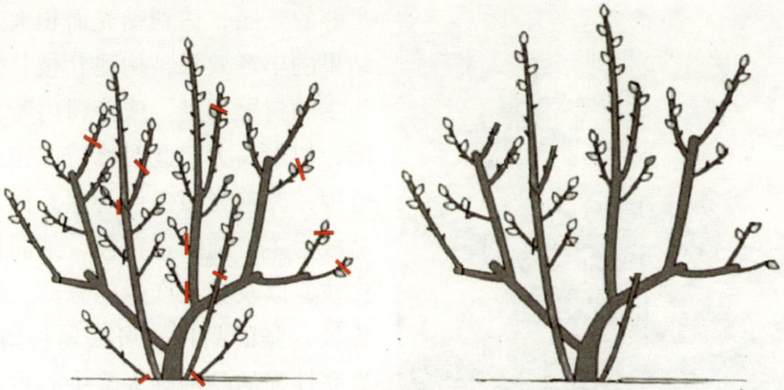

图3-23　定植2年的植株修剪示意图（修剪前、修剪后）

（4）**定植3～4年的植株修剪**　定植3~4年后，植株开始进入结果期，可以适量保留健壮结果枝，在保证一定产量的前提下，兼顾扩大树冠，产量控制在2.5 kg以下为宜，以免影响树冠的生长发育。主要修剪措施为去除基部萌发的根蘖枝，疏除树冠内部的交叉枝、过密枝、干枯枝，对部分营养枝进行中短截，培养成来年的结果枝组。对于结果枝，尽量采用健壮枝条结果，每个主干枝保留3～6个健壮结果枝即可（图3-24）。

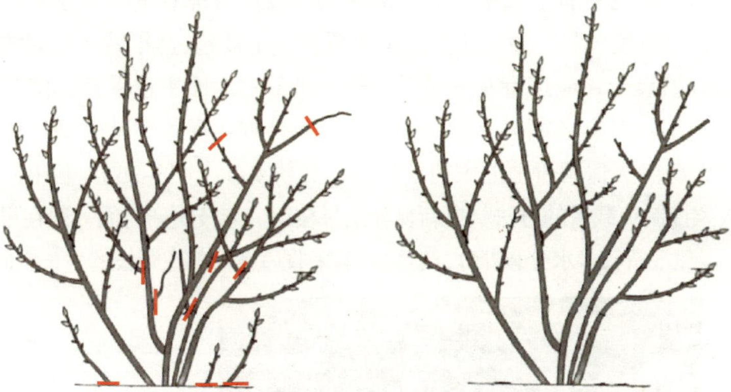

图3-24　定植3～4年的植株修剪示意图（修剪前、修剪后）

（5）**定植5年及5年以上的成龄树修剪**　定植5年后，植株开始进入盛果期，称为成年树，也称为成龄树或盛果期树。对于成龄树，修剪的目的主要是增强树势，改善树体内部的通风透光条件，调节枝条生长和果实发育的矛盾，促花控果，达到产量与品质的平衡，防止过量结果，提高果实品质，延长果园经济寿命，从而实现持续丰产、稳产、优质、高效的栽培目标。

成年树修剪原则是依树修剪，没有严格的固定模式，做到树冠在一定空间内通透，布局合理，枝条间层次分明，内膛通透，保证树冠上每个枝蔓都有

图3-25　蓝莓成年树修剪后

足够的光照，达到受光面积大、立体结果的丰产效果，构建壮枝、中庸枝为主的树冠布局。成年树内膛容易郁闭，树冠高大，此时修剪以控制树冠范围，改善光照条件为主。修剪时以疏枝为主，疏除过密枝、细弱枝、病虫枝，以及根系产生的分蘖。对生长势较开张的品种，可去弱枝留强枝，直立性强的品种则去除中心枝、开天窗、保留长势中庸的枝条。成龄树花芽量较大，可以适当去一部分花芽，每个株丛保留5～8个主干枝，每个主干枝有15～20个结果枝，每个株丛含80～120个结果枝，单株产量控制在3.0 kg左右，亩产约1 000 kg为宜（图3-25）。

（6）蓝莓老龄树的修剪　对于老龄树，遵循“新老更替，回缩复壮”的原则，修剪目标着重于主枝的更新和枝组的复壮，以恢复树势，重获丰产。老树更新，主枝超过5年后，上面的侧枝或结果枝组开始衰老，应进行及时更新，采用基部贴地面主枝平茬，使其从基部重新萌发新梢。对衰老期树，重回缩主枝，有计划地保留健壮的基生枝培养成为新主枝，疏除无保留价值的大树龄枝组，更新复壮（图3-26）。利用回缩、短截、长放和控制负载量的方法，更新复壮结果枝组。老枝更新时间一般在果实采收后进行，以免浪费较多水分和养分，避免影响采收后新培养主干枝的生长空间排布。

图3-26　蓝莓老龄树修剪

5. 抹芽

休眠期抹芽主要是指抹除花芽。对生长势较弱的植株或品种，定植后抹除枝条上的花芽，保留顶端叶芽，促进叶芽萌芽，延长新梢生长发育时间，可使植株树势复壮（图3–27）。长势健壮的品种幼苗定植后可以抹芽，也可以直接进行花枝短截，来提高修剪的效率。

图3–27　幼苗定植后抹除花芽

6. 嫁接

蓝莓的嫁接繁殖技术主要应用于高丛蓝莓类群和兔眼蓝莓类群。目前蓝莓嫁接在庭院栽培，促进授粉、老龄园更新、品种更迭、增加适应性等方面应用比较广泛。蓝莓嫁接采用芽接法时，嫁接芽长势较慢，因此生产中多采用枝接。枝接操作方法和流程如下。

（1）嫁接方法和时期

蓝莓枝接常用方法为劈接和切接：枝接宜在早春萌芽前或春梢黑尖形成期进行，此时接穗半木质化程度较好，嫁接成活率最高。

（2）削接穗

春季嫁接时，接穗宜选用一年生健壮枝条的中间部位，选取的接穗应芽眼饱满、成熟度高，5～7 cm长、包含3～4个芽。将接穗下端切成楔形，一面长约1 cm，较薄，一面长约0.5 cm，较厚，接穗上留3～4个芽，顶端剪平口，离芽0.5 cm为佳，切面应平滑整齐（图3–28）。

（3）切砧木

选择的砧木其粗度略粗于接穗的粗度为佳，在砧木嫁接部位剪平口，剪口要平整。在剪口边缘1/3处斜切约1 cm长的斜切口，在切口中下部位置朝砧木髓部切长约1 cm的切口，切口深度以长于接穗0.1～0.2 cm为宜（图3–29）。

图3–28　削接穗

图3–29　切砧木

（4）砧穗契合

将接穗下切口长的一面紧贴砧木，薄面朝里，厚面朝外，接穗厚面的一侧与砧木切口一侧的形成层对准，接穗露白0.1～0.2 cm，贴实压住（图3–30）。

（5）绑缚

用嫁接塑料条绑严、密封，重点绑缚砧穗结合处、各个切口处和接穗顶部，从砧木切口下方1 cm位置开始绑扎，做到紧实不动，且接穗除芽外都包扎起来，以免漏风漏气，造成失水干枯（图3–31）。嫁接后要及时浇水，给砧木补充水分，提高嫁接成活率。

图3–30　砧穗契合

图3-31　蓝莓嫁接绑缚

（6）嫁接后管理

嫁接成活后，及时去除砧木下端萌发的新梢，保留接穗上萌发的新梢，当接穗上抽生的枝条生长 2 个多月后，解开嫁接绑缚塑料条，以免影响嫁接处的加粗生长（图 3–32）。

图3-32　嫁接成活后愈合口状态

二、花芽萌动期

随着春季温度缓慢上升，花芽的休眠解除。这个时期，植株的枝条顶端或上端的花芽开始逐渐膨大，芽的鳞片开始开裂，芽的尖端出现绿色、浅绿色或浅黄色的花序（图3–33），此时开始进入了花芽萌动期。花芽萌动10～20 d后进入现蕾期。

图3–33　蓝莓花芽萌动期的表型

①花芽膨大；②鳞片开裂；③芽尖端出现花序

植株花芽萌动期的到来表明蓝莓植株开始进入生长发育阶段。这个时期的主要工作为施萌芽肥、浇萌芽水、苗木定植或移栽、硬枝扦插、疏花芽，以及杂草清除和病虫害防治等。

1. 施萌芽肥

蓝莓是寡肥性植物，需肥量较少，一年中在萌动期、果实膨大期和果实采收后3个时期进行适量施肥即可。第一次施肥大约在萌芽前1周，叫发芽肥，以缓释型肥料和豆饼肥为主，氮磷钾肥比例以2∶1∶1为佳，也可以参考第一章表1–6进行科学搭配。一般以硫酸铵和硫酸钾混合复合肥为主，成年树根据树龄每株施用量50～100 g，幼树施肥量减半或根据植株大小减少施用量。地栽时采用环形施肥方法，盆栽则采用撒施。具体施肥方法为：①地栽时，在树冠投影地面边缘处开5～10 cm深的环形沟，环形撒施后，覆土，扣回覆盖物（图3–34）；②盆栽施肥时，则在树冠边缘直接环形撒施即可（图3–35）。地栽和盆栽在施肥后都需要及时浇灌萌芽水。

图3-34　地栽蓝莓环形沟施肥

图3-35　盆栽蓝莓撒施肥

小知识

蓝莓喜肥特性

蓝莓分别施用硫酸铵、硝酸铵和硝酸钠肥料时，施用硫酸铵的植株枝条生长健壮，叶色正常，根系多，须根也多；施用硝酸钠时枝梢发育迟缓，根系多数呈黑褐色，细根少，根短；施用硝酸铵时叶片颜色变淡，水平枝多，树势弱，细根较少，粗根褐色。因此在土壤偏中性的地块，施肥时尽量使用铵态氮，避免使用硝酸铵、硝酸钠等肥料，否则容易造成植株衰弱。蓝莓施用硫酸铵，不仅可以提供铵态氮，还可以使土壤pH保持在较低的水平（图3-36）。蓝莓对氯元素敏感，种植过程中应避免使用氯化铵、氯化钾等含氯肥料。有些复合肥中含有氯，需要了解其主要成分后，再进行施用。

图3-36　蓝莓根系喜欢硫酸铵肥料

2. 水分管理

花芽萌动期是蓝莓4个浇灌期中的第二个关键时期，浇水应在中午温度较高时进行，浇水要浇透，灌溉量以浸透植株的根系分布区域为佳。地栽时根据植株大小来决定浇水量，根据不同树龄，其参考浇水量大概为：1年生的苗木每次浇水量约2 L，2年苗木6 L，3年苗木10 L，4～5年苗木 15 L以上；盆栽苗木以盆底渗出水分为止（图3-37）。花芽萌动开始至开花前，每3～5 d浇水1次，有利于提高开花的整齐度，提高坐果率。

图3–37　盆栽蓝莓萌芽浇水时盆底要渗水

3. 苗木定植或移栽

蓝莓商业化生产的种苗一般为盆钵苗。购买盆钵苗，可以全年进行定植或移栽，但一年中，以春季和秋季定植最佳，利于苗木生长。北方冬季低温超过−15 ℃地区，春季定植或移栽栽植成活率和生长量最好，可以有效避免冬季低温、干燥造成植株枝干抽条或根系的冻害，还能减少当年定植后就要对植株进行越冬防寒的工作量（图3–38）；南方地区则在秋季定植或移栽效果最好，定植后地下根系还处于缓慢生长和发育阶段，可以有效地提高定植后第二年的生长量（图3–39）。

图3–38　北方春季定植

苗木定植或移栽过程主要包括土壤改良、品种选择、苗木准备、定植密度、定植或移栽时间、起垄、挖坑定植和定植后管理等措施。

图3-39 南方秋季定植

1）土壤改良

蓝莓适于在酸性（pH4.0～5.5）、有机质含量在5%～12%、土质疏松、通透性强的土壤上生长。改良土壤一般采用硫黄粉、草炭土和珍珠岩等材料（图3-40）。黏度较大的土壤可掺入适量的珍珠岩或沙子以增加土壤透气性，沙性土壤则加入腐殖草炭土提高有机质含量，土壤酸度不适宜时可采用硫黄粉和硫酸亚铁调节，还可以通过增施有机肥来提高土壤酸碱缓冲能力。

图3-40 土壤改良材料

①硫黄粉；②草炭土；③珍珠岩

使用硫黄粉调节土壤酸度，需要提前1个月以上施入土壤中才能发挥作用，因此在栽培前，应提前做好土壤酸碱度、有机质、通透性等方面的改良工作。土壤改良一般要提前1～2个月进行，每667 m^2施用10 m^3的腐熟牛粪，每平方米施入200～300 g的硫黄粉，然后根据土壤的疏松特性加入适量的珍珠岩和草炭。最后在栽培区域设立排水系统，及时排除土壤中的多余水分，防止涝害发生，然后定植，进入田间常规管理（图3-41）。

图3-41　改良的土壤

2）品种选择

蓝莓栽培成功与否与两个关键因素紧密相关，第一个为土壤，第二个则为品种。因此调节好土壤后，根据栽培地区的气候环境条件、土壤条件，选择相应的蓝莓类群，再根据栽培目的选择相应的品种，搭配上花期一致、花粉量大、授粉亲和性较高的品种互相授粉，品种间授粉受精完全是丰产、稳产的前提。选择在栽培区域条件下坐果率较高的品种，并具备果实大，果粉厚，酸甜适口，风味佳等优点，同时兼顾果穗可以成串，采收期相对集中，果实硬度高，贮运性能强等特性（图3-42）。

图3-42　与栽培环境条件适宜的蓝莓品种丰产状

3）苗木准备

品种选好后，购买品种纯正、无病虫害、健壮的钵苗（图3-43）。为尽早形成树冠，达到早产、丰产的目的，首先选择组培苗木为佳，其次才选择健壮的扦插苗。组培钵苗一般有2～3个主枝、株高在30 cm以上。而且组培苗木病虫害来源较少，根系和枝条的活力较强，当年即可萌发5个以上直立枝用于培养主枝，须根发白且刚生长到钵外（图3-44），不易感染根腐病。若选用扦插苗，则应选择根系发达完整，有大量白色须根、有2～3个主枝，并且着生多个分枝、生长健壮的苗木，切忌选择高度很高的独枝苗木，或者生长多年没换过盆钵的苗木，以免根系活力较低，发根困难，生长不良，从而造成栽培失败。

图3-43 商业生产的蓝莓种苗

①组培苗；②扦插苗

4）定植密度

定植密度因品种和管理方式的不同而不同。以人工栽培管理为主的生产园，其行距为定植行上树冠不交叉且不露地面为宜。若田间需要机械化作业管理的栽培园，应以机械作业方便、不浪费土地为原则，选择适宜的行距。目前我国蓝莓栽培大多为人工栽培管理，机械化水平较低，因此半高丛蓝莓行距一般为1.5～1.8 m，株距为0.8～1.0 m，如‘北陆’品种；北高丛蓝莓行距为1.8～2.0 m，株距1.0～1.2 m，如‘蓝丰’品种；兔眼蓝莓行距以2.5～3.0 m为宜，株距以1.5～2.0 m为宜，如‘灿烂’品种（图

图3-44 组培苗木根系情况

3-45)。为了提高早期产量，也可以采取密植栽培技术，即行距不变，株距为原来的一半，以增加栽植株数，提高前期产量，后期根据树体生长情况，适时进行邻株移栽，以减少定植后2～3年内的管理成本，提高经济效益。

图3–45　北高丛蓝莓生产园栽植密度

5）定植或移栽时间

温室种植时一年四季均可定植，以蓝莓落叶后至萌芽前定植为佳。若在生育期内定植或移栽时，则需要进行精细的栽后管理，减轻缓苗，提高苗木成活率。蓝莓苗木定植或移栽的经验表明，“秋栽先发根，春栽先发芽，早栽几个月，生长赛一年”。因此在气候条件适宜地区，尽量采用秋季定植或移栽（图3–46），此时地上部活动缓慢，根系在地温适宜条件下可以缓慢地生长发育，利于植株根系恢复，可有效积累树体养分；同时经过冬季休眠和环境适应，翌年春季根系活动早，萌芽快，成活率高，根系先活动后长叶，利于提高成活率和枝叶生长。如果进行春栽，接近萌芽时期，地上部分活动较快，根际损伤后，恢复缓慢，造成先发芽后发根，出现缓苗现象。因此，在南方地区秋栽、北方地区春栽，比较适宜。

图3–46　组培苗秋季移栽

6）起垄

蓝莓地栽时一般采用起垄栽植，以利于蓝莓根系通气和排水。起垄前根据土壤的pH和土壤特性，先在土表面撒施硫黄粉，再撒上有机肥、珍珠岩、草炭等改良土壤材料，然后进行旋耕混拌均匀后再起垄。垄高一般30～50 cm，垄宽以栽植品种的行距为准，垄面可尽可能宽，应扩大蓝莓根系生长区域的同时，便于根系生长空间的通透性和排灌性，促进植株良好的生长发育（图3–47）。

7）挖坑定植

定植时将钵和苗分离，苗木根团紧密时先进行破根团处理，然后在定植垄上挖个长、宽和高分别约为30 cm的栽植坑（图3–48），在坑内先填入改良好的种植土，将苗木放入栽植坑内，根际舒展开，回填入改良好的种植土以盖住苗根系四周，并轻轻向上提苗1次，使土壤和根系充分结合，接着回填种植土，浇透水，最后清理根茎处的种植土，露出根茎。

图3–47　起垄

图3–48　挖蓝莓定植坑

8）定植后管理

蓝莓定植后及时浇水，然后在苗周边覆盖10～15 cm厚、直径约50 cm宽的锯末或松针（图3–49）。苗木定植后应及时进行修剪，疏除细弱枝，短截受伤枝、徒长枝，去除顶端花芽来培养结果枝组，集中养分培养主干枝，为下一年结果打下基础。

图3–49　定植后及时覆盖

小知识

蓝莓基质的简易制备方法

收集秸秆、松针等植物残体，分别粉碎成3～5 cm的碎末备用；收集松树林表层10 cm以内的表层腐殖土，购买直径为4～7 mm的膨化珍珠岩备用。将秸秆碎末、松针碎末、腐殖土和珍珠岩以1∶1∶1∶1的体积比充分混匀，在15～25 ℃条件下放置1～2个月后即可使用（图3-50）。此类基质制作时一般可不施用硫黄粉，因为松针、秸秆和腐殖土的土壤pH一般为5～6，可以直接用于蓝莓定植。

图3-50　蓝莓自制栽培基质方法及流程

实例——蓝莓地栽

1）准备栽培基质

按照种植计划，提前2个月准备硫黄粉、草炭、腐熟牛粪、珍珠岩、松针等物资。定植坑调配基质配置比例为草炭、珍珠岩和松针以体积比1∶1∶1混合，每立方米加入100～200 g硫黄粉，放置1～2个月后，即可成为用于回填的定植坑基质土（图3-51）。

2）土壤改良

一般种植区域的土壤具有比较贫瘠、pH较高、土壤黏性大等特点。因此

图3-51　制备定植穴用的栽培土

栽植前1～2个月先测定栽植区域土壤的pH和有机质含量，了解土壤类型和特性，然后计算将pH调整到4.0～5.0的硫黄粉需用量、有机质调为5%～12%的草炭土和腐熟牛粪施用量。一般情况下，土壤的有机质含量低于2%时，每亩加入腐熟牛粪10 t，可以将有机质调节到7%左右，还可以增加土壤透气性。土壤若为黏性土，根据黏重程度每平方米加入珍珠岩3～10 L，越黏重，加入越多。同时为了利于苗木根茎生长，每亩还可加入10 t草炭。

3）起栽植垄

根据计算好的硫黄粉、腐熟牛粪、珍珠岩和草炭的施用量，在栽植区域的土表面依次撒施硫黄粉、珍珠岩、腐熟牛粪和草炭，然后旋耕深翻20～30 cm。深翻过程中注意清除出土里面的石块、草根、塑料等杂质或垃圾（图3-52）。起垄时，若栽培品种的行距为2 m，则按垄宽1.3～1.5 m，垄沟宽0.5～0.7 m，垄高0.3～0. 5 m的规格起垄，起垄完成后，垄面宽约 1 m，每垄单行种植。

图3-52　栽培区土壤改良、深耕及起垄

4）挖定植坑

根据确定的栽植株距，先定点，然后挖长、宽和深分别为30 cm的定植坑（图3-53），在每个坑底部施用约100 g的缓效型复合肥。

5）苗木破根团

购买的苗木的根系若还没有形成紧密根团，定植时，不需要破根。但一般购买的苗木，多数已经在盆钵土的四周形成紧密的根团，可根据蓝莓的破根团方法（详见第一章），将根团破除，完成破根后，再定植（图3-54）。

图3-53　挖定植坑

图3-54　钵苗破根处理

①需要破根的根系；②不需要破根的根系

6）定植

在定植坑的肥料上回填预先配置好的基质，正中间挖个小穴，苗木放入穴内后摆正，调整栽植深度，一般情况下植株原有土坨上表面略低于栽植垄表面即可。回填基质土，回填高度以土坨高度为准，将定植坑填满（图3-55）。

图3-55 苗木定植

①挖定植坑；②放入破根苗；③回填改良土

7）浇定植水

定植结束后，马上铺设滴灌管道，以定植苗木为中心，四周铺设滴箭，用于浇灌定植水，滴速为2 L/h，滴灌3～4 h（图3-56）。

图3-56 滴灌浇水

8）地面覆盖

待水分完全渗入土壤后，围绕植株，在周边覆盖直径超过树冠范围的松针等覆盖物，覆盖厚度以10～20 cm为宜，可以保持土壤湿度，增加土壤养分（图3-57）。

9）清理植株根茎

覆盖结束后，及时清理植株根茎处多余的覆土和覆盖物，露出根茎部位，以不露出根系即可（图3-58）。这样做，利于基生枝萌发的同时，也可减少由于灌溉造成的根茎腐烂。

图3-57　覆盖松针

图3-58　清理根茎

10）栽后管理

定植、覆盖松针等植物残体后，及时覆盖园艺防草布，可降低生产管理成本。当年定植的苗木容易被风吹倒伏，可以在苗木旁边立一支撑杆（支柱），用绳将主枝固定在支撑杆上。同时，在苗木运输或栽植过程中会出现损伤的枝条，定植结束后，应及时修剪，短截受伤枝，去除细弱枝（图3-59）。

实例——蓝莓盆栽换钵

蓝莓作为小灌木，植株矮小，花、果、叶具有较强的观赏特性，目前已成为我国极其重要的庭院盆栽果树，深受人们喜爱。但蓝莓盆栽1～2年后，需要及时更换较大的盆钵，以满足植株的生长发育所需要的营养。换盆的具体步骤如下。

1）准备栽培基质，配制栽培土

购买并准备好草炭、珍珠岩、椰棕和硫黄粉，将草炭、珍珠岩、椰棕以1∶1∶1比例混匀，然后每立方米加入100～200 g硫黄粉，混匀后放置1个月后备用（图3–60）。

图3–59　铺设防草布和立支柱

图3–60　备用的基质土

2）准备花盆

准备比待换盆钵直径大1.5～2.0倍的盆钵，盆钵底部的透气性要好，也可以选择侧面都可以透水透气的盆钵，以促进植株生长发育。使用这种盆钵时浇水要及时，以免造成干旱（图3–61）。

图3–61　准备透水透气性好的盆钵

3）植株与盆钵分离

钵苗在移栽前进行适当控水，利于植株与盆钵分离。如果钵土较硬，难以分离，可以借用工具使植株与盆分离（图3-62）。

图3-62　植株与盆钵分离

4）破根团或松解

盆栽的蓝莓苗木根系基本成团，并且团的比较紧密，不容易松散开，需要进行破根处理，以促进植株新根萌发。但盆栽苗木破根时要尽量保持根系团性形状，不要掏出根团中心的土，只将根系团周边变蓬松即可，以免破坏根系的团性结构（图3-63）。

图3-63　蓝莓盆苗破根团

①破根前；②破根后

5）栽植

根据蓝莓苗破根后的高度，在盆底放入少量栽培土，加入5～10 g的硫酸铵肥料，再加入3～5 cm厚的土。将株丛放入盆正中间，枝条直立，清理植株表土层的苔藓等杂草，然后培土，边培土边提苗，培土至植株原有土坨的高度即可（图3-64）。

图3–64　盆苗栽植

①盆底垫肥和土；②放苗去杂；③培土

6）清理根茎处

培好土后，同样要清理根茎处的土壤，保证根茎露出，但又不露根，然后进行苗木修剪，挂上标签（图3–65）。

图3–65　清理根茎和挂标签

7）浇水

将盆苗放在光照充足、通风透气性较好的地方，以便于后期苗木生长发育，然后浇透水，浇至盆底渗出水分为止（图3–66）。

图3–66　蓝莓庭院盆栽苗浇水

8）覆盖管理

覆盖松针、锯末、粉碎秸秆或稻草等，清理露出根茎，插入滴箭，设置灌溉时间和频次，庭院盆栽苗木换盆工作完成（图3–67）。

图3–67　覆盖松针和铺设滴箭

4. 硬枝扦插

蓝莓种苗的繁殖方法较多，常见的有扦插繁殖、嫁接繁殖、组织培养繁殖等，其中扦插繁殖技术和组织培养繁殖技术目前已比较成熟。扦插繁殖方法包括硬枝扦插和绿枝扦插。少量繁殖时可采用硬枝扦插繁殖，大量商业化种苗生产则多采用组织培养的方法来繁殖种苗。

花芽萌动期是硬枝扦插繁殖的最佳时期。相对于绿枝扦插，硬枝扦插的管理相对简单，环境条件要求较低。但不同品种，生根难易程度不同，如‘蓝丰’品种生根较难，而‘泽西’‘双迪’‘茹贝尔’等品种易于生根。硬枝扦插的关键技术要点和步骤如下。

1）准备基质

扦插的基质要求透水性较强，透气性较好。硬枝扦插基质可以选用大颗粒珍珠岩、锯末、腐质苔藓、草炭、沙子、椰棕等，目前应用较广泛的扦插基质为草炭，或草炭、珍珠岩以1∶1的体积比混合的基质。基质混匀后浇水充分湿润，扦插面要平整，厚度为6～10 cm为佳。少量扦插时，还可采用分层扦插基质，具体方法为：珍珠岩在下层，约5 cm厚，中层为5 cm左右的草炭，表层为0.5～1.0 cm厚度的蛭石。采用这种基质搭配进行扦插，生根率较高，效果较好，扦插肥水管理简单（图3–68）。

图3-68　硬枝扦插的分层基质

2）插条选择

硬枝扦插的插条最好在花芽鳞片开绽前剪取，随插随取。此时枝条上的叶芽已基本满足萌发所需要的低温需冷量，气候环境条件适宜时就可以萌芽展叶。若在休眠期采集的话，有些品种的低温需冷量还未满足，没有度过自然休眠期，扦插后萌芽困难。

插条应从生长健壮、无病虫害的树上剪取，选择1年生、枝条成熟度好、无病虫害、健壮的营养枝，这种枝条硬度大、成熟度好且健康；尽量不使用徒长枝、髓部较大的枝条和冬季发生冻害的枝条也不宜使用。生产实践表明，插条在枝条上的部位对生根率有显著的影响，枝条的基部作为插条时，生根率明显高于上部枝条做插条，因此尽量选择枝条的中下部做插条（图3-69）。如果插条数量不足，可以选用一年生健壮的结果枝，扦插时将枝条上的花芽抹去，但花枝生根率较低，而且根系质量较差，剪截插穗时，可以将结果枝的带花芽的节位剪除，采用中下部枝条剪截成插条，可提高插条的成苗率。

图3-69　插条选择和剪取

3）扦插容器准备

硬枝扦插可以在田间直接做苗床进行扦插，但这种方法由于地温较低、气温变化剧烈，环境条件不易控制，扦插的生根率和成苗率都不太高，正逐渐被淘汰。目前应用最多，且利于苗木繁殖的是采用穴盘为容器进行扦插或者在设施内制作的苗床进行扦插，其中穴盘最常用，也最便于田间管理。穴盘可以采用播种平盘，也可以采用带目穴盘，穴盘高度一般为10 cm为宜（图3–70）。若采用珍珠岩和草炭混合基质，基质厚度一般为6～8 cm为佳；若分层基质，厚度以10 cm为宜。扦插后直接将穴盘放置于棚室内高架上，便于环境条件的控制。这种方法可有效地增加基质温度，提高生根率和成苗率。若扦插苗木极少时，还可以采用花盆等作为扦插容器。

图3–70　蓝莓扦插常用的穴盘

4）插条剪截及处理

修剪插条的剪子、刀等工具要锋利，插条剪口要平滑。由于蓝莓节间短，枝梢较细，插段一般以6～10 cm长为宜。插条上剪口为平剪口，在叶芽上方0.5～1 cm为佳；下剪口在叶芽下方，形状为楔形，以增加生根面积，一个较长剪口呈长卵圆形，一个较短剪口呈半圆形。插条剪截好后，将下端对齐，每50个插条或100个插条绑扎成捆备用（图3–71）。

图3–71　插条上、下剪口修剪及插条对齐

5）生根剂处理

蓝莓硬枝扦插若不采用生根剂处理，萌发的根系较少，长势较弱，因此大部分品种都需要采用蘸生根剂的方法来提高生根率。蓝莓插条常用的生根剂处理方法有低浓度的慢浸和高浓度速蘸两种。慢浸法是将插条下部放入100～200 mg/L的吲哚丁酸或萘乙酸溶液中浸泡过夜（图3-72）。速蘸法则是将插条基部在2 000～5 000 mg/L的吲哚丁酸或萘乙酸溶液中速蘸5～10 s，具体时长根据品种、插条粗度确定。一般越粗的插条，浸泡或速蘸的时间越长；越细的枝条，浸泡或速蘸的时间越短。速蘸法生根剂溶液配制时，为了提高生根效果，可采用30%～50%的乙醇溶液来配制。

6）扦插

当基质和插条准备就绪后，将基质浇透水，但要在保证湿度的同时不积水。将生根剂处理过的插条插入基质中，插条之间的距离约5 cm×5 cm，扦插深度为将插条下端插入基质，漏出上部分1～2个叶芽为宜（图3-73）。扦插密度不能过密，因为过密容易造成病菌侵染，使插条或苗木腐烂，而且生根后移栽时容易造成根系受伤。

图3-72　插条生根剂浸泡处理

图3-73　插条插入基质

7）扦插后水分和温度管理

扦插后，立即浇灌1遍1 200～1 500倍的甲基硫菌灵溶液或杀菌剂溶液，每周浇灌1次，可防止病菌滋生，同时保持土壤湿度。扦插后60 d内不施用肥料。

扦插后将插条放入棚室中，保持光照充足且较高空气湿度。若棚室内空旷，扦插苗培育环境湿度较低时，可在扦插床或苗盘上铺设塑料膜或设立小拱棚增加湿度（图3-74）。温度控制在22～28 ℃为宜，夜间温度不能低于8 ℃。温度过低时，适当增加覆盖物或采用加温措施；温度过高时，及时采用水帘法降温，也可在高温时给棚室覆盖30%～50%遮光率的遮阳网来降低棚室内温度。扦插后3周内减少通风透气，以免插条抽干。

8）插条生根

蓝莓硬枝扦插一般需要2个月左右才能生根，扦插约2周后叶芽开始萌发，随后展叶，抽生嫩梢；扦插40～50 d时多数插条还没有生根（图3-75）。因此，插条扦插后至生根前这个时期内需要及时补充水分和保持空气湿度，此时若水分不足、空气湿度低，容易造成枝条上萌发的嫩梢干枯死亡。

图3-74　扦插后插床上铺设塑料膜来保湿

图3-75　萌芽时不生根

扦插约2个月后，根系开始萌发，此时插条上萌发的新梢，其顶端的叶片开始转绿，表明插条已经开始生根（图3-76）。生根后可逐步增加小拱棚的透风量，逐步降低湿度，以适应外界环境条件。可以施入N、P、K比例为1∶2∶1的肥料，促进苗木生长。可将3种肥料混合后以液态随水施入，浓度为3%，每周1次。施肥后马上对叶面喷

图3-76　顶端叶片转绿表明插条已生根

水，将叶面上的肥料冲洗干净，以免烧伤叶片。已生根的扦插苗培育1～2个月后，加强通风，适当控水，及时移栽抚育。

5. 疏花抹芽

花芽萌动期，对易于成花的品种应进行花前复剪和除萌抹芽。花前复剪的目的是补充休眠期修剪的不足，再次通过修剪调节总花量。花前复剪主要采用轻短截和抹芽修剪手法。成龄树花芽形成过多时，可以对结果枝进行轻短截，剪去结果枝上过多的花芽，减少单个结果枝的花芽数量，减少养分消耗，提升果实品质（图3–77）。

定植1～2年生的蓝莓幼树，应及时短截顶端花芽，因为幼苗花芽分化质量差，容易造成落花落果，消耗植株养分，影响叶芽的及时萌发。因此，为了尽快扩大树冠，一般对顶端有花芽的定植1～2年幼苗节位进行短截。但有的品种幼苗长势较弱，树冠较矮小，为了增加主干高度，一般会抹除花芽，保留叶芽，并且在每个节位保留1个叶芽，去除花芽和混合芽（图3–78）。

图3–77　成龄树结果枝轻短截

图3–78　长势弱的幼树疏除花芽

三、萌芽期

随着气温逐步升高，当地温超过8 ℃时，蓝莓植株发生了明显的变化，具体表现为花芽鳞片开绽、现花序、花序伸长、花柄伸长、花朵分离但花冠未膨大。从鳞片开绽到花柄伸长结束且花冠未膨大时期为蓝莓植株的萌芽期（图

3-79）。萌芽是蓝莓由休眠期进入生长期的标志，从花芽的鳞片开绽到开花前一般延续3～4周时间。

图3-79　蓝莓萌芽期的表型

①鳞片开绽；②现花序；③花序伸长；④花朵分离

萌芽期的田间管理工作主要有除杂草、浇水、疏花（花序）、组织培养瓶苗瓶外扦插生根等，同时这个时期也可以进行苗木定植和移栽、硬枝扦插等。

图3-80　花冠开始膨大时浇水

1. 水分管理

萌芽期是植株需水的重要时期，一般3～5 d浇水一次，浇水要在正午进行，要浇透，不能出现干旱情况，特别是在花朵完全分离后、花柄已经伸长、且花冠开始膨大的时期（图3-80），要浇透水，保证土壤充足的含水量，以免花期缺水。这个时期不能施肥，以免影响后期授粉受精。

2. 疏花（花序）

蓝莓植株经过休眠期和花芽萌动期的修剪，枝条数量已经符合生产要求，但萌芽后才能确定植株单个花序的花朵数量。当花芽分化较好时，单个花芽可以有10～15朵花，单个结果枝整体的花朵数量过多，会影响后期果实的膨大，因此在萌芽期应当进行再次复剪。为了集中养分，生产优质大果，主要剪除细弱花序及其花序上部后开花的花蕾，集中养分培养先开花的花蕾，每个花序保留约8朵花即可。如果在容易发生晚霜的地区，则抹除花序上先开放的花朵，集中养分培养后开放的花蕾，以避开晚霜危害。花序的疏剪和抹除可以提高果穗整齐度，集中采收期。但幼苗一般进行花芽的再次抹芽，确保植株强健的营养生长（图3-81）。

图3-81 蓝莓萌芽期延迟开花修剪和花芽抹除

小知识

蓝莓组织培养苗木繁育技术

蓝莓组织培养是指在无菌条件下，将离体的茎段、芽、组织、细胞和原生质体等培养在培养基上，人为调控培养条件，使其生长、分化、繁殖，最后进行瓶外生根，发育成完整植株的过程和技术（图3-82）。

图3-82 蓝莓的组培苗木瓶外生根幼苗

目前利用组织培养技术来培养蓝莓种苗已成为我国蓝莓最主要商业化应用的繁殖方法。该方法繁殖系数极高，可以周年进行增殖繁育，且种苗病虫害来源极少，在生产中根腐病的发生率极低。但由于蓝莓幼苗均为须根，根系较细，在组培苗生根驯化过程中根系容易断裂，影响生根苗木的驯化成功率。因此蓝莓组培苗木繁育时，不在瓶内生根，而是采用瓶外生根方法。在蓝莓萌芽期进行组培苗瓶外生根，组培苗成苗率最高。蓝莓组织培养快繁方法的主要流程如下。

制定品种的培养方案→培养基和耗材等准备→外植体选择与采集→外植体处理→杀菌消毒和接种→初代培养→继代培养→驯化炼苗和生根培养→壮苗抚育。

蓝莓组织培养快繁流程具体如下。

1）准备

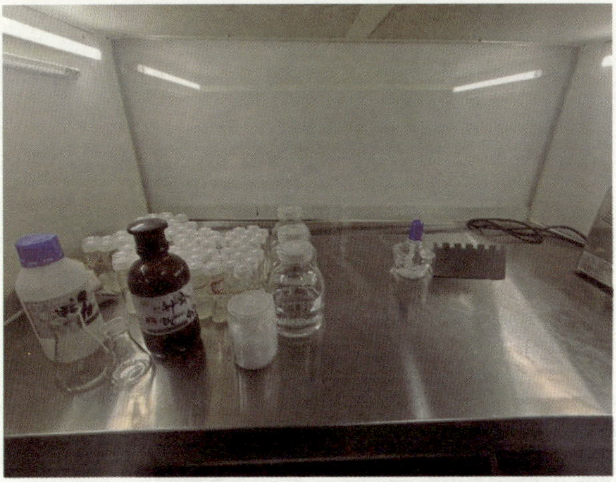

图3-83　培养基、设备、仪器和耗材等的准备

查阅文献，了解要组培品种的最适宜培养基配方及外植体消毒方法，以及培养条件，提前1周准备试验过程用到的仪器、设备、试剂、耗材等，配置含有激素的改良WPM培养基、无菌水、消毒剂等（图3-83）。这些准备工作在开始接种前1周完成。

2）外植体选择与采集

蓝莓的外植体采集时间在蓝莓谢花后，新梢准备进入快速生长期或刚进入快速生长期时，采集嫩梢进行蓝莓组培最好，此时的初代培养发育比较快。初代培养苗木经过2～4次继代增殖后，在来年的萌芽期再进行瓶外生根，这种组培方式苗木繁育效率最高。一般在春季谢花后开始进行蓝莓的初代培养。蓝莓组培外植体材料有茎尖、茎尖生长点、茎段、腋芽、幼叶、叶柄等。蓝莓种苗生产一般采用茎尖和茎段作为外植体，茎尖可以通过脱毒处理来培育脱毒种苗。一般在连续晴天3～4 d后的上午采集外植体，剪取生长健壮、无病虫害的幼嫩新梢尖端（图3-84），约10 cm高，剪除叶片，保留叶柄，用湿报纸或毛巾包裹，放入保鲜袋中带回实验室。

图3-84　外植体采集

图3-85 外植体流水冲洗

3）外植体处理

将采集的外植体剪成1.0～1.5 cm长的带芽的枝段，用洗涤剂和自来水流水冲洗15～20 min（图3-85），然后放入超净工作台备用。

4）消毒和接种

在超净工作台上进行无菌操作，茎段用70%酒精灭菌40～60 s，0.1%升汞灭菌5～10 min，无菌水冲洗5遍，用无菌滤纸吸干水分。然后将茎段两端切去1～2 mm，接种到WPM初代培养基中，注意不要将下端朝上。整个过程要快，尽可能减少材料与空气的接触时间，以减少褐变，提高成活率，降低污染。接着，将接种好的瓶苗放入组织培养室，培养条件为22～28 ℃，光照12～14 h。一般培养10 d后萌芽，25～30 d后可萌发新梢（图3-86）。

图3-86 蓝莓外植体接种及初代培养30 d生长状态

5）增殖培养

将初代培养约1月的茎段放入增殖培养基中进行增殖培养（图3-87），培养周期为50～60 d，温度22～28 ℃，光照2 000～3 000 lux，12～14 h/d。

图3–87　蓝莓的增殖培养

6）驯化炼苗

将培养40～50 d大量增殖的组培瓶苗木放在苗木驯化区域3～5 d，以适应环境的温度、光照等外界环境条件，然后打开瓶盖1～2 d，适应外界的温湿度后，再进行苗木瓶外扦插生根培育（图3–88）。

图3–88　组培瓶苗驯化

7）组培苗瓶外生根

瓶外生根需要在棚室内进行，以便于温湿度的控制。在每年的萌芽期至新梢发育期进行插条的瓶外生根效率最高，生根最快。先将幼嫩枝条从瓶中取出，流水冲洗净根部的培养基，然后剪截成约2 cm长的茎段，每个茎段有3～4个芽，茎段下端速蘸入含有0.2%吲哚丁酸的50%乙醇溶液中作为生根剂催根后，插入无菌、浇透无菌水的腐质细苔藓中，间距约2 cm × 2 cm为宜，全光照雾化、保湿管理（图3–89）。

图3-89　组培苗瓶外生根扦插

图3-90　蓝莓组培瓶外生根苗

8）苔藓苗抚育

瓶内蓝莓扦插条插入腐质苔藓中后，棚室内温度控制在20～28 ℃，最高不超过35 ℃，最低不低于16 ℃，温度过高时，采用雾化喷水降温，若温度还高，需要在正午时候覆盖遮阳网来降低温度。当根系萌发后，进行适当通风，逐步撤除遮阳网，每隔2周喷施0.2%硫酸铵和0.2%硫酸亚铁1次，加强光照使苗木生长健壮，约2个月后插条根系可长至3～5 cm，此时可以进行苔藓苗移栽抚育（图3-90）。

9）苔藓苗移钵培育

苔藓苗抚育3～5个月后，苗木根系发达，株高达10～20 cm，此时宜进行换钵培育。一般选用口径约为10 cm的盆钵，采用基质体积比为3∶2的草炭和珍珠岩混合物，每立方米加入100 g硫黄粉混匀使用（图3-91）。苔藓苗移钵时栽植不能过深，以免影响根茎处基生枝的萌发，影响地上部分的生长。移栽培育到落叶时，对生长高度超过20 cm的主枝进行短截或摘心，有利于枝条变粗，促进来年侧枝萌发。

图3-91　苔藓苗换钵培养

10）苗木出圃

换钵培养的苔藓苗经过冬季休眠后，可在第二年春季出圃。具体出圃时间为萌芽后1个月左右，苗木长至15～20 cm、萌发5～8个侧枝时出圃为佳（图3-92）。

图3-92　组培苗出圃

小知识

细胞全能性

组织培养的理论依据是细胞全能性，指细胞经分裂和分化后仍具有形成完整有机体的潜能或特性，任何一个有完整细胞核的活细胞都具有该种植物的全套遗传信息和发育成完整植株的潜在能力。细胞全能性是潜在的，要实现植物细胞的全能性，必须具备一定条件：①体细胞与植株分离，脱离植株的控制；②创造适合体细胞的生长和分化的环境，包括营养物质、激素、温、光、热、气、湿度等因素。在满足这两个条件下，植物体细胞的全能性才能被激发，离体材料才能发育成完整的植株（图3-93）。

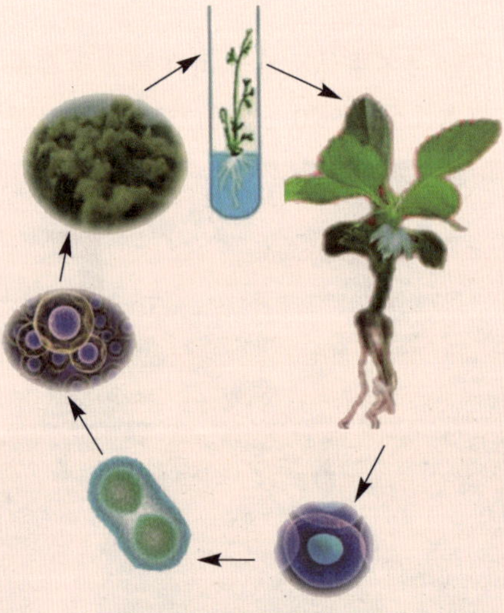

图3-93　利用植物体细胞培养产生完整植株示意图

3. 定植或移栽

萌芽期也适合于苗木的移栽或定植，因为蓝莓的叶芽比花芽萌发得晚，在花芽萌芽期，叶芽还处于萌动状态，因此在我国大部分地区，蓝莓萌芽期也可以正常进行苗木定植或移栽。移栽或定植的具体方法、步骤或流程详见本章花芽萌动期。在这个时期进行移栽或定植，需要注意保护枝蔓上的花芽和叶芽，在搬运过程中避免枝干折断，否则会影响植株的萌芽或成枝情况。

四、开花期

当花蕾上的花冠开始膨大，花冠顶端展开时，表明植株开始进入开花期。从花冠顶端展开，雌蕊从花被中暴露出来，雄蕊成熟后释放花粉，雌蕊完成传粉，到受精结束后花朵凋谢的一段时期都称为开花期。开花期有初花期、盛花期、末花期和落花期（图3–94）。盛花期又分盛花初期、盛花期和盛花末期（图3–95）。各个时期的特性特征详见第一章蓝莓的主要物候期描述。

图3–94　蓝莓的开花期

①初花期；②盛花期；③末花期；④落花期

蓝莓开花时枝条顶端花序先开始开花，然后依次往下开放；同一个花序开花的顺序为基部的花先开，依次往顶端开放，每朵花开放约10 d。花期的长短因品种不同而有较大差异，一般品种花期可以持续2～3周。同一蓝莓品种开花期因气候不同也会出现明显的差异，同一个品种在不同地方花期从15 d至30 d不等，在有的地方花期可达40 d。

图3–95　蓝莓的盛花期

①盛花初期；②盛花期；③盛花末期

开花期是蓝莓生育周期中一个极其重要的时期，要求有适宜的温度和充足的阳光。低温、阴雨、高湿等不良条件，均会影响开花、传粉和受精，造成落花落果，影响产量和果实品质。这个时期，气温逐渐升高，地温开始不断回升，杂草开始旺盛生长，此期最主要的工作是杂草清理、肥水控制、授粉、疏花疏果、组培苗木的初代培养和组培苗瓶外生根，同时要进行蚜虫防治等工作。

1. 杂草清除

图3–96　花期杂草及根系清除

这个时期杂草萌发较多，杂草根系发育旺盛，极易与蓝莓植株根系争肥夺水；同时杂草会提高栽植区域内的空气湿度，引发灰霉病的出现和发生，蚜虫等虫害也会暴发。因此在蓝莓开花期要及时清理杂草，并将杂草的根系清理干净（图3–96），集中植株的水分养分，在促进生长发育的同时，可有效降低病虫害的发生频率和严重程度。

2. 肥水控制

地栽蓝莓的开花期，尽量不浇水，也不施肥，否则容易造成授粉受精不良。因此在蓝莓植株开花前要及时浇透水分，以免造成花期干旱。盆栽时，如果出现土壤极度干旱情况，只能在下午温度较高的时候少量供给水分，以防水温太低，引起地温剧烈变化，造成落花。

3. 授粉

部分蓝莓品种自交可孕，但多数为异花授粉，不同品种差异较大。兔眼蓝莓和矮丛蓝莓一般自交不孕，因此生产上需要搭配3～5个品种建园，以提高蓝莓果实坐果率，提高产量。蓝莓是虫媒花，蜜蜂等昆虫传播花粉是蓝莓授粉的重要途径，特别是将蓝莓种植在设施条件内或者城市的庭院、阳台中时，昆虫较少，也容易造成授粉受精不良，坐果率低；开花期若遇低温、多雨、昆虫的活性降低，也会降低坐果率。因此，蓝莓开花期，为保证花朵的正常授粉受精，提高结实率，花期需要进行人工授粉或蜜蜂辅助授粉（图3–97），最好选择人工授粉和蜜蜂授粉相结合的方法。

1）蜜蜂授粉

蓝莓花期，每亩放置2个蜂箱比较适宜。一般情况下熊蜂的授粉能力较强，但中华蜂个小，容易从花冠顶端钻入花内采集到蓝莓的花粉（图3–98）。根据花期，提前预订好蜂箱数量及授粉的时间，保证开花后蜜蜂的活性最强。花期的时候不可喷施农药，以免毒害蜜蜂。蜜蜂活性下降的时候，要进行辅助人工授粉。同时在盛花初期，喷施0.2%硼砂水溶液，可提高坐果率。

图3–97　花期放蜂促进授粉

图3–98　蜜蜂辅助蓝莓授粉

2）人工授粉

人工授粉是指用人工方法把植物花粉传送到花朵的柱头上以提高坐果率的技术措施，在庭院栽培蓝莓时，经常遇到种苗少、缺乏授粉树、花期气候恶劣等情况，影响正常自然授粉，这种情况下需进行人工授粉。人工授粉具体方法如下。

（1）花粉采集

采集花粉要在不同品种上采集，因为异花授粉利于坐果率的提高。晴天的上午，在盛开的花序下方，放置干净、干燥的盘子或碗等，手指轻轻敲动位于枝端、完全开放的花序轴，使花粉飘落到盘子或碗中，将花粉集中在一起（图3–99）。敲动花序采集花粉时，可以从侧面或逆光方向观察到花粉飘落的过程。由于花粉极小，采集花粉时，应选择风小的时候进行，且尽量减少人员快速活动，以免花粉随风飘落。

（2）收集花粉

用棉球、棉签、绒毛签、小橡皮等作为授粉器进行授粉时，将棉签、绒毛签、棉球、小橡皮等在碗中轻轻蘸取花粉，使花粉附着在授粉器上（图3–100）。

图3-99　花粉采集

（3）授粉

授粉时间以每天上午8—11点为佳，授粉就是将带有花粉的棉签、棉球、绒毛签、小橡皮等轻轻涂抹在不同品种、完全开放的花的柱头上（图3-101）。每朵花大约开放10 d，蓝莓多数品种的最佳授粉时间为开放后3～5 d，此时授粉坐果率较高。人工授粉时从初花期开始每隔3～5 d授粉1次，坐果率较好。

图3-100　收集花粉

图3-101　授粉

4. 疏花疏果

开花时，‘灿烂’等一些蓝莓品种花序较多，花序上花朵也较多，此时可以适当疏除还未开放的花序和花芽（图3-102），以集中养分，促进已授粉受精幼果的膨大。对前期漏剪的幼苗，进行花序或花朵摘除，以促进叶芽萌芽发育成枝，以免影响植株生长。

图3-102　成龄树疏花、幼苗疏花疏果

5. 蚜虫防治

这个时期伴随着春季枝、叶、花的生长发育，食叶性害虫开始出现。蚜虫在全年都有发生，以这个时期的为害较重，在花期、新梢萌芽期极容易发生，引起新叶展开不良（图3-103）。另外，蚜虫吸食汁液，会引起病毒病的扩散。有时蚜虫的分泌物也是灰霉病发生的原因。因此，这个时期要做好蚜虫的防治工作。这个时期的蚜虫防治，主要通过修剪改善树冠内部的通风透光环境，适量控制氮肥的施用，或者采用刷子将蚜虫刷落后收集，并集中烧毁，但不能进行农药喷杀，以免杀死蜜蜂等昆虫，影响花期授粉受精。

图3-103　蚜虫在花序和新梢上的发生状况

6. 组培苗瓶外生根

开花期是组培苗瓶外扦插生根的最佳时期，详见本章萌芽期叙述（图3–104）。

图3–104　组培苗瓶外生根培养

五、落花期

蓝莓花冠开始脱落时，即进入了落花期，此时多数花的子房开始膨大，已经开始坐果（图3–105）。同时，多数蓝莓品种开始出现叶芽或膨大、或萌发、或展叶、或出现簇状叶片，有的品种甚至抽生新梢或进入新梢快速生长期（图3–106）。此时，植株不仅要供给植株开花坐果的营养物质用于生殖生长，还要供给新梢萌发和生长的营养物质用于营养生长，但植株本身还不具备正常的光能合成作用，而主要通过根系从土壤中吸取的水分来运输营养物质供给地上部分。因此落花期要及时浇水，还需要补充地面覆盖物来提高土壤的保水性。这个时期的主要栽培措施为除杂草、浇水、地表面覆盖物补充、组织培养的初代培养、组培苗瓶外生根等。

图3-105　落花期

图3-106　新梢快速生长

1. 水分管理

落花后，及时浇水，在补充花期水分亏缺的同时，也给树体贮存足够的水分和养分。因为，此时果实马上就要进入快速膨大期，需水量大，若水分供应不足，会影响果实的膨大，降低产量和果实品质。这时期浇水要浇透，一般每2～3 d浇灌1次。

2. 植株地表覆盖补充

落花后，气温开始逐渐升高，地温随之升高，容易造成地表干旱。为了稳定地温，提高土壤的保水性，一般在这个时期进行地表覆盖或补充地面覆盖物质。覆盖材料一般使用偏酸性的植物残体，如松针、锯末、稻壳、玉米秸秆等，同时，也可使用草炭进行覆盖（图3-107），将收集到的这些材料粉碎成长度为3～10 cm的碎末后直接使用即可。需要注意的是覆盖材料中不能混杂泥土，否则容易发生发酵，造成栽培区病虫害的滋生。覆盖物覆盖在植株周围，范围以超过树冠投影区10 cm以上、厚度15～20 cm为宜。覆盖完成后，特别是使用细碎的锯末、草炭等进行覆盖时，必须将根茎处的覆盖材料清理掉，确保根茎露出，利于植株基生枝萌发的同时，也可减轻根腐病的发生。

图3-107　覆盖玉米秸秆和草炭

覆盖的基质材料因风雨侵蚀和微生物的降解会逐步减少，一般每年要补充覆盖1～2次，确保生育期覆盖厚度在10 cm以上。

3. 组培快繁的初代培养

落花时，由于叶芽着生在枝条上不同节位，有的叶芽开始萌动，有的抽生新梢，有的新梢已进入快速生长期，当出现新梢抽生时，就可以开始组织培养繁育方法中的初代培养。培养的外植体选取、初代培养等具体方法详见本章萌芽期的蓝莓组织培养苗木繁育技术。

4. 组培苗瓶外生根

组培苗瓶外生根驯化需在设施条件下进行，一年四季均可。落花时，气温一般在12～25 ℃，光照周期处于12 h/12 h，适于根系生长和叶芽萌芽。此时是一年中组培苗瓶外生根驯化的最佳时期，其生根率、生根数量、萌芽率和成苗率均为一年中最高，此时适于进行组培瓶苗大规模驯化生根（图3-108）。驯化具体步骤详见本章萌芽期的详述。

图3-108　组培苗瓶外苔藓生根

六、青果期（果实第一次膨大期）

落花后，完成受精的子房开始膨大，可以看见明显膨大的青果，青果快速膨大至绿色果实停止膨大的时期为青果期，也是蓝莓果实两次膨大期中的第一次果实膨大期（图3–109）。在果实发育的同时，叶芽萌发抽生新梢，有的新梢长度甚至超过30 cm。这个时候蓝莓植株需肥、需水量最大，因为此时叶片的光合作用较弱，植株还处于消耗养分的主要时期。因此，这个时期主要的栽培措施为浇水、施肥、春梢修剪、地表覆盖物补充、病虫鸟害防控、杂草清除、硬枝扦插苗木移栽等。

图3–109　蓝莓青果期

①青果刚开始膨大期；②青果停止膨大期

1. 水分管理

果实膨大期是蓝莓植株一年生长发育4个关键浇水期中的第三个时期，这个时期浇水的主要目的是促进果实细胞的膨大。这个时期可每天浇水1次，浇水时间在温度较低的早、晚进行为宜。浇水要浇透，地栽时灌溉量以浸透根系分布土层并外延10～20 cm为宜，在促进根系向外扩张的同时，利于果实膨大生长。蓝莓浇水方法主要采用膜下滴灌带滴灌或滴箭滴灌，以降低栽培区域的空气湿度，减少病虫害的发生（图3–110）。

图3–110　滴箭滴灌和滴灌带滴灌

2. 追肥

图3–111　蓝莓青果期随水追肥系统

青果期需要进行追肥，以促进果实膨大和新梢伸长生长。此次追肥采用水溶性平衡肥，N、P、K肥料比例为1∶1∶1。萌芽前施用基肥后，此时为一年中第一次追肥，2～5年树龄的植株，根据树龄每株分别施用20～60 g的肥料，可根据树龄大小和植株长势适当增减施用量。施用时随水追施，每周施用1次，图3–111为随水追肥系统。

小知识

蓝莓青果膨大期速效专用肥配制

在蓝莓果实膨大期，以施用速效肥料为宜。速效化肥配比可采用4份硫酸铵、3份过磷酸钙、1份硫酸钾充分混合后配制成蓝莓速效专用肥。

3. 春梢修剪

从现花现蕾、开花开始，大部分蓝莓品种的叶芽开始绽放展叶。最初，叶片呈现紧凑的簇状，环绕在叶腋间或茎的周边。随着时间推移，叶片展开，并互相分离，随后萌发成枝条。随着枝条的伸长生长，出现伸长的节间，此时新梢开始进入快速生长期（图3-112）。这个时期萌发的新梢叫春梢，针对这些新梢进行的修剪称为春梢修剪。

图3-112　叶芽萌发、展叶和新梢快速生长阶段

春梢进入快速生长期2～3周后可以长至40 cm，随后长势开始变缓，茎尖败育变黑且停止生长，成为黑尖。黑尖从产生至脱落需要2～3周。随后进行转轴生长，顶端的叶芽萌发，开始形成第二轮新梢，进入新一轮的新梢生长期（图3-113）。蓝莓的春梢生长比较旺盛，若不及时进行摘心或短截处理，最高可长到1 m以上。

图3-113　新梢的黑尖形成和第二轮新梢转轴萌发

春梢修剪的主要方法有摘心、抹芽、轻短截等。长势健壮的植株和幼树一般都要进行摘心，以扩大树冠、增加发枝量。幼树主干枝长至30～40 cm时要及时摘心，以促进主枝上侧枝的萌发。若幼树已有主干枝，则对主干上生长健壮的侧枝进行摘心，侧枝长度为20 cm左右时即可进行摘心，以免树冠结果枝外延。成龄树一般将每个主枝上的侧枝摘心1～2个健壮枝，一般长至20～30 cm长时进行摘心。侧枝长势健壮，但斜向上生长的枝条，若有空间则保留15～20 cm长后摘心，以促进树冠扩大，增加结果枝数量（图3-114）。水平枝、细弱枝一般不进行摘心或短截，每个主枝上摘心的枝条也不宜过多，否则，会减少植株叶片数量，影响果实发育。

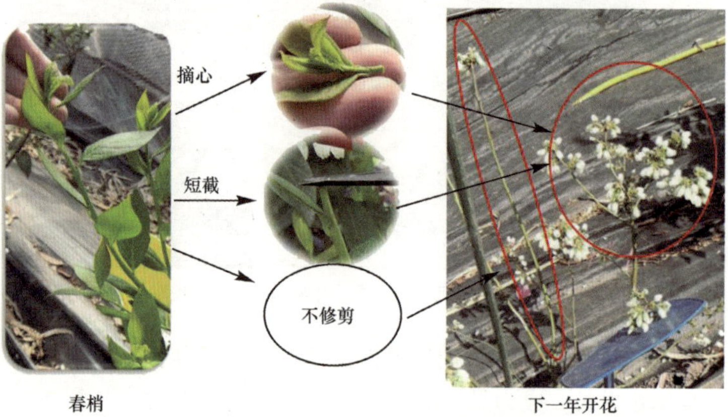

图3-114　春梢摘心与短截的修剪反应

春梢短截时宜采用轻短截或中短截修剪，否则会削弱树势，影响植株生长。一个大的枝组中，有个别新梢发育特别旺盛，有时会超过50 cm长，而其他分枝只有20 cm左右，这种旺盛枝条严重影响了分枝上其他侧枝的生长，造成枝蔓的生长不平衡，必须对这种枝条进行短截，以促进其他枝条的发育（图3-115）。幼树培养树冠时，主枝顶端萌发侧枝，当侧枝生长长度至20～30 cm时，进行短截，避免主干上的侧枝外扩严重，以培养紧凑型树冠，同时也可促进侧枝萌发分枝，尽早形成树冠。

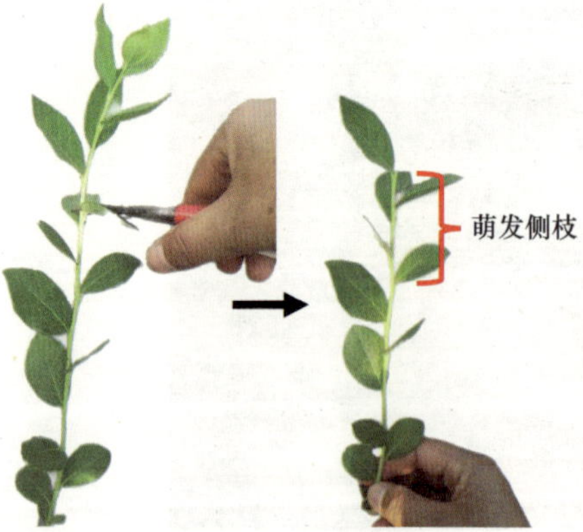

图3-115　春梢短截

生育期对新梢进行短截时，剪口位置与休眠期修剪有差异。生育期短截时剪口在叶芽正上方为佳，不要离侧枝或叶芽太远，以刺激下方侧枝和叶芽生长，同时利于剪口愈合（图3-116），否则叶芽萌发较晚，剪口愈伤时间较长，影响新梢发育的同时，也容易成为病虫害滋生的温床。

剪口距叶芽2 cm　　剪口距叶芽1 cm　　剪口紧贴叶芽上方

图3-116　剪口距叶芽不同长度的修剪反应（修剪1周后）

除摘心和短截外，有时也会对春梢进行抹芽或疏枝。一些蓝莓品种会有双芽眼的出现，叶芽萌发后会抽生两个侧枝（图3-117），通常一个侧枝生长健壮，一个细弱，遇到这种新梢，一律抹除细弱小枝，以促进健壮枝条的加长加粗生长。

图3-117　双芽眼萌发两个侧枝

4. 植株地表覆盖物补充

蓝莓进入青果膨大期后，气温越来越高，地温也随之升高，地表面极易出现干旱现象。为了稳定地温，提高土壤的保水性，若没有在花期补充覆盖物，这个时候必须补充地面覆盖物质。覆盖植物残体后，再覆盖黑色园艺防草布，可保湿和除杂草。但黑色园艺防草布容易大幅度提高植株根系处的地温，影响植株生长。因此，有的种植园采用先覆盖松针，再在松针上方覆盖防草布，最后在防草布上苗的周边覆盖草帘（图3-118）来降低温度的方法。这种覆盖栽培方法最有利于蓝莓植株的营养生长和果实发育。覆盖方法详见落花期阐述。

图3-118　植株园艺地布覆盖、园艺地布上覆盖草帘

5. 病虫害防治

开花坐果后，各种病害和虫害相继出现，主要病害有灰霉病，虫害有蚜虫、蛾类等。在四川省西昌市蓝莓在果实膨大期极易发生灰霉病和蚜虫的为害。在高温高湿的环境条件下，极易暴发病虫害。为了减少和抑制病虫害的发生，整个生育期去除杂草极其重要。杂草是病原菌和害虫躲避、繁育的温床，尽量做到杂草随出现随去除。落花后，及时喷施防治病害和虫害的药剂，做到“早预防，早防治”。

1）灰霉病为害及防治

坐果后，大部分蓝莓品种果实的花冠宿存，在设施栽培环境条件或高湿栽培条件下，极易造成灰霉病的发生（图3-119）。灰霉病是目前蓝莓产业中直接影响产量的最大病害，各个产区都有出现，严重程度与品种差异、气候条件以及管理水平密切相关。因此，在灰霉病发生始期，要及时清理枯枝、病果、病叶，集中烧毁，及时喷施农药进行保护，减少二次侵染的机会。严格控制花

图3-119　果实第一次膨大期的灰霉病症状

果期间的田间湿度，尽量采用地下滴灌，避免阴雨天浇水。注意农事操作卫生，落叶后，及时清除落叶；杂草出现时，及时拔除；加强通风排湿，以减少病害的发生。若出现灰霉病为害，可采用花前喷施50%速克灵1 500倍液或40%施佳乐800倍液，或者喷施50%的代森铵500～1 000倍液和50%苯来特可湿性粉剂1 000倍液来进行防治，也可使用其他防治灰霉病的药剂。

2）蚜虫为害及防治

随着枝、叶、芽和果实的发育，蚜虫开始不断出现，它可以把整个枝梢的叶片吃完，需要及时进行防治。蚜虫主要以成蚜和若蚜刺吸食幼尖、幼梢、幼叶、幼花、幼果等的汁液而造成为害，主要发生在植株的幼嫩组织。当蓝莓被蚜虫为害以后，会植株失绿，坐果不良，整株苗木长势较弱，严重的会导致枝叶枯萎（图3–120）。防治方法：①在蚜虫大量繁殖季节，采用专用农药，如吡虫啉、螺虫乙酯、苦参碱等进行喷施防治。②保护蚜虫天敌，也可预防和控制蚜虫的繁殖。蚜虫的天敌有瓢虫、蜘蛛、寄生蜂等，保护这些天敌，对蓝莓植株的保护具有一定作用。③挂蓝黄板也可以有效灭杀蚜虫成虫。

6. 温度控制

蓝莓授粉受精期至幼果期，如果遇到气温低于10 ℃或高于35 ℃以上不良天气情况时，会影响果实正常生长发育，造成果实僵化、畸形，或不膨大。如西昌市栽种大果蓝莓‘薄雾’品种时，易受早春10 ℃以下低温和35 ℃以上高温的影响，连续两年果实不膨大，平均单果重仅约0.8 g（图3–121）。因此，花期至幼果期，控制温度在15～30 ℃为宜。温度不适宜时可以适当采用遮阳、加强通风、保温等措施来调节栽培区域的温度，以免影响坐果，降低品质和产量。

图3–120　蓝莓新梢蚜虫为害

图3–121　高温造成‘薄雾’蓝莓品种果实变小

七、果实着色期（第二次膨大期）

蓝莓果实有3个发育阶段，包含两次膨大期，第一次为花后坐果至果实缓慢发育，第二次为果实着色期（详见第一章果实发育过程中描述）。果实着色期主要表现为果面由浅紫逐渐变红，最后整个果实变成蓝色（图3-122）。果实着色期，浆果体积迅速增加，果实横径可增加50%。当果实果面固有颜色形成时，即果蒂痕处有轻微浅蓝色和红色相间（图3-122中⑦和⑧），花青素和可溶性固形物含量还会上升，果实大小还可以再增加20%，再持续几天，糖含量也会继续增加，风味物质形成（图3-122中⑨）。

图3-122　果实顶端和基部着色变化过程

蓝莓果实着色期，果实由细胞分裂期转向细胞膨大期，因此想要获得丰产，需要保障科学的肥水条件。若要获得较高品质的果实，则需要进行科学合理的肥水管理。肥水过多和不足都可能导致产量下降、果实口感变差、果实贮藏期病害滋生等问题，还会引起植株长势变弱、枝条生长缓慢等。同时，这个时期大部分品种的新梢开始进入转轴生长，萌发第二轮新梢的生长。因此，这个时期要在注意肥水管理的同时，还要进行新梢修剪、绿枝扦插、硬枝扦插苗木的移栽、防鸟等栽培管理措施。

1. 水分管理

蓝莓果实着色期即果实的第二个膨大期，是蓝莓一年生产栽培中4个关键浇水期中的第三个关键浇水期，此次灌溉的主要目的是促进果实的发育。灌溉量以浸透根系分布土层并外延伸10 cm为宜，促进根系向外扩张。浇水2次/d，时间宜在早上、晚上进行。若采用滴灌，可以采用少量多次的浇水方式，每次浇水3～5 min，灌溉5～8次/d，每天浇水总量保持在树冠投影区外延10 cm为宜（图3-123）。若是盆栽，浇水量以盆底渗水为止，2次/d。

2. 追肥

这个时期结合浇水，随水追施含磷、钾肥稍高的水溶性肥料。此次追肥也是蓝莓一年4次施肥期中的第三个施肥时期。果实着色期一般使用速效肥料，以N ：P ：K为5：4：8为佳，以促进果实膨大、着色和提高可溶性固形物含量；也可以辅助叶面喷施0.2%的磷酸二氢钾水溶液，以促进果实着色和提高可溶性固形物含量。每3～5 d随水追肥1次，每株用量10～20 g，做到薄肥勤施。若没有滴灌系统，则在树冠下方的地表面撒施，然后喷水，每株用量20～50 g，每周施肥1次。

图3-123 果实着色期浇水

3. 新梢修剪

果实着色期修剪同于青果期的修剪，主要采用摘心或轻短截，修剪方法详见青果期。

4. 绿枝扦插

蓝莓通过组织培养进行工厂化育苗的技术，在我国已经成熟并得到广泛应用，已逐渐成为蓝莓种苗繁育的主要方式。但由于组培育苗技术要求高，环境条件要求严格，投入成本相对较高，所以一些小型育苗单位还是多采用绿枝扦插方法获得绿枝扦插苗（图3-124）。绿枝扦插技术要求比硬枝扦插技术高，但容易生根，根系质量较好。这种方法对扦插的环境条件要求比较严格。绿枝扦插一般在春末夏初进行，此时蓝莓多处在果实膨大期。

图3-124 绿枝扦插苗

1）扦插时间和插穗处理

随着新梢生长发育，新梢顶端会

形成黑尖，黑尖刚形成时为绿枝扦插的最佳时期（图3–125）。此时，枝条的半木质化程度较好，扦插生根率可达80%～100%。当黑尖脱落后，叶腋间的叶芽开始膨大或萌芽，此时扦插则会影响生根率和成苗率。有的品种一年萌发多次新梢，最佳的插条为春季萌发的新梢（春梢），因为春梢扦插时叶腋间没有形成花芽原始体，第二年花芽形成较少，利于植株第二年生长和树冠扩大，苗木质量较好。夏梢或秋梢扦插的苗木由于枝条上叶腋间花芽原始体已经形成，容易造成第二年就开花结果，不利于苗木生长。

选择刚形成黑尖的新梢为插穗，剪取插穗后立即将插穗下端插入清水中，不能捆绑、挤压和揉搓（图3–126）。

图3–125　新梢黑尖刚形成状态

图3–126　插穗剪取后处理

2）插条剪取

插条的长度因品种而异，一般剪留4～6个芽，若插条充足可以适当剪留长些，如果插穗不足则多采用单芽或双芽扦插。生产中，双芽扦插较为普遍，既节约了繁殖材料，又可以提高苗木繁殖系数。

同一新梢的插条，基部插条生根率比中上部的插条生根率低。剪去插条下端的叶片，用于插入基质中；插段上端的叶片保留，若叶片较大，为了减少水分蒸发，剪去保留叶片的1/2～2/3尖端，去除叶片过多反而会影响生根率和生根后苗木发育；插条剪好后及时放入清水中，以免插条下端褐化或脱水，影响生根（图3–127）。但插条在清水中浸泡时间不宜超过2 h，否则会造成插条上的叶片褐化。

图3–127　插条剪截和处理

3）生根剂处理

蓝莓绿枝扦插时，使用生根剂处理可以提高生根率和成苗率。常用生根剂多为以吲哚丁酸、吲哚乙酸、萘乙酸为有效成分的生根粉。常见的生根剂溶液有：吲哚丁酸2 000～3 000 mg/L、吲哚乙酸或萘乙酸500～1 000 mg/L、或ABT生根粉1 000 mg/L。一般采用速蘸处理方法，即将插条下端在生根剂中速蘸5～10 s后，插入基质中，可以有效促进生根（图3–128）。

图3–128　绿枝插条生根剂处理（引自堀込充）

4）扦插基质

绿枝扦插常用基质有草炭、草炭和珍珠岩的混配基质、河沙、硬质大粒珍珠岩、大粒蛭石等。用河沙和硬质大粒珍珠岩混配基质扦插时，插条生根最快；用蛭石为基质扦插时，苗木插条生根率最高；用草炭和珍珠岩混配基质扦插时，其根系生长发育最好，长势最为健壮，这种基质透气性强，还可以给生根后的苗木提供营养（图3–129）。插条生根后要及时进行移栽。

5）插床准备

绿枝扦插必须在设施内进行，便于温湿度的调控。扦插可以在地面做扦插床，也可以用育苗盘进行扦插。苗床一般在地面上用扦插基质平铺成厚15 cm、宽1 m的苗床，苗床两边用木板或砖挡住。扦插床在扦插前浇足水，室内采用迷雾设备保湿，在插床上方增加塑料小拱棚保温保湿，拱棚四周通风处覆盖遮阳网，以确保较高的空气湿度和通风降温（图3–130）。

图3-129　蓝莓绿枝扦插不同基质

①珍珠岩与草炭混配；②河沙；③硬质大粒珍珠岩；④大粒蛭石

图3-130　绿枝苗床扦插

6）扦插

插床准备好后，将插条下端放入吲哚丁酸2 000 mg/L生根剂溶液中速蘸5～10 s，然后垂直或倾斜插入基质中，间距以5 cm × 5 cm较好，扦插深度为2～3个节位或者插条总长度的一半（图3-131）。

图3-131　蓝莓绿枝穴盘扦插

7）扦插后管理

绿枝扦插成活的关键是温度和湿度控制，最好利用自动迷雾装置调节湿度和温度，温度应控制在22～27 ℃，最佳温度为24 ℃。特别要注意加强水分管理，因为枝条鲜嫩而夏季高温，水分供应不足会使插条发生失水，而湿度过高容易引起病害和腐烂，因此，必须处理好通风和保湿的关系。可在扦插区域迷雾喷灌管道上安装自动计时控制器，扦插后开始雾化，连续雾化1个月，雾化时间控制如表3-2所示。

表3-2　绿枝扦插雾化时间表

时间	雾化说明
6：00—8：00	每小时雾化 1 次，1 次 30 s
8：00—9：30	每半小时雾化 1 次，1 次 30 s
9：30—17：30	每 15 min 雾化 1 次，1 次 15 s
17：30—19：30	每半小时雾化 1 次，1 次 30 s
19：30—20：30	每小时雾化 1 次，1 次 30 s
21：00—6：00	每 2 h 雾化 1 次，1 次 30 s

如果迷雾喷灌无法降低棚内的温度，可采用密实的防虫网进行轻度遮阳，或者用低于40%遮光率的遮阳网遮阳降温，以保证插条上叶片可以进行一定的光合作用。若扦插1～2周后叶芽就开始萌发，则属于叶芽过早萌发，容易造成插条基部不同程度的腐烂，这是由于选取的插穗太老，木质化程度太高，枝条顶端黑尖已经脱落或脱落太久造成的（图3-132）。扦插后叶芽生长越旺盛，越不利于插条生根和成活。

图3-132　黑尖脱落后枝条不适合于绿枝扦插

绿枝扦插成活率低，多是因为插条基部腐烂所致，而插条基部腐烂常常不是因为水分过多造成腐烂，而是由于失水过度造成腐烂。因为失水严重，插条严重受害，生活力下降，插入基质的插段因为基质湿润而腐烂发黑（图3-133）。若出现插条下端失水腐烂现象，插条要及早清除掉，以免病菌滋生。

扦插约1个月后，插条开始生根。当90%插条生根后，改为上午和晚间进行雾化，每天雾化2次，并逐步打开小拱棚通风降湿，直至撤去小拱棚。及时喷杀600～800倍的杀菌剂，每周1次预防病原菌滋生。若发现有病原菌的插条要及时拔除，并喷杀杀菌剂控制蔓延。若发现虫孔，需浇灌或喷施杀虫剂进行防治。插条一般在扦插6～8周后生根发芽（图3-134），此时开始施入氮磷钾复合肥料，将肥料溶于水中，以液态形式浇施，浓度以3%～5%为宜，每周浇灌1次。生根插条抚育1个多月后即可以进行移栽。通常移入营养钵中栽植，钵大小为12～15 cm口径较好。基质用草炭和珍珠岩2∶1或1∶1混合配制。

图3-133　缺水造成的插条腐烂

图3-134　插条扦插8周后生根发芽

小知识

绿枝扦插插条颜色变黄

绿枝插条扦插约10 d后，叶片颜色会稍微变黄，插条下端的叶片会有脱落的现象，这属于正常现象（图3-135）。

图3-135　扦插后插条变黄

扦插约2周时，插条基部剪口处会出现环形乳白色突起，称为愈伤组织（图3-136），这是插条形成愈伤组织，准备生根的标志。若插条基部剪口处没有愈伤组织形成，则可能是因为缺水或湿度过低，这容易造成生根迟缓，严重的甚至造成插条逐渐干枯死亡。

图3-136　插条下端形成愈伤组织

5. 硬枝扦插苗木移栽

这个时期硬枝扦插的插条已经生根，插条上端的叶芽萌发成新梢，有的新梢的长度已经超过10 cm，可以进行苗木盆钵移栽集中培育，一般移栽到12～15 cm大口径的营养钵中（图3-137）。移钵方法同于换盆或盆栽，具体详见花

图3-137　硬枝扦插苗移栽

芽萌动期的苗木定植和移栽中的盆栽。

6. 绿枝嫁接

蓝莓绿枝嫁接方法同于硬枝嫁接方法，只是用的接穗有差异，具体方法详见萌芽前嫁接的详细描述。

7. 防鸟措施

近年来，随着生态环境的改善，鸟类种类和数量逐年增加，蓝莓园的鸟害现象极为严重。果实被鸟整果啄食或啄伤，失去商品价值，给生产栽培造成巨大的经济损失。而啄食蓝莓果实的鸟大部分是国家保护动物，因此在果实成熟前准备好驱鸟、防鸟设备成了蓝莓栽培中保产增收的重要措施。目前防鸟方法比较多，如果实套袋、放稻草人驱鸟、安置驱鸟器、架设防鸟网等。但在蓝莓生产园中架设防鸟网是最有效、最常用的防鸟方法（图3-138）。

图3-138　蓝莓棚室栽培和露地栽培的防鸟网搭设

八、果实成熟期

随着果皮颜色加深，花青苷含量逐渐增加，果皮开始变软，果实变甜，果实进入了采收期。采收是蓝莓栽培中最关键环节，也是生产商品果实，获得经济收益的最终目的。因此，采收时期的判断、采收方法、分级包装等对蓝莓采收起着重要作用，也影响着果实品质和商品价值。此外，采摘还可以给蓝莓栽培带来无限乐趣（图3–139）。

图3–139 蓝莓采摘乐趣（何奕璇 拍摄）

1. 采收

蓝莓果实采收要做到适时、无损、保质、保量和减少损耗。适时是在果实符合采收要求时进行采收；无损就是没有机械伤害，保持果实完整性，从而做到保质保量地体现出品种特有的特征特性。因此采收前要先了解果实着色特点、果实成熟要点、采摘时间、果实采摘方法、果实采后预冷和适当的包装等信息。

2. 果实着色特点

果实着色从果实顶部（萼片）开始，向基部（果柄）逐步着色。随着果实颜色的加深，果实不断膨大，当果实不再膨大时，果柄也会着色。果柄着色是果实着色完成的信号（图3–140）。采收时一般肉眼先确认果实着色情况，确认果蒂痕周边是否已经完全着色，是否呈现与果面相同的颜色，再观察果柄颜色，是否已经开始着色。最后根据该品种果实着色特性，明确蓝莓果实采收的要点，确保果实完全成熟，酸甜适口，达到品种固有的风味后，果实进入成熟期才可以采摘。

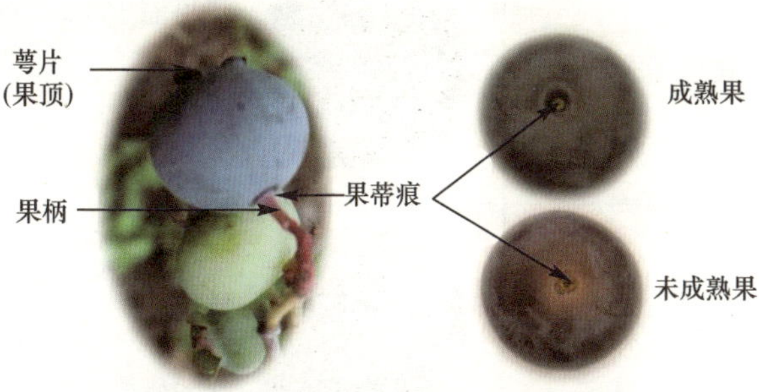

图3–140 果实成熟时主要鉴别部位

3. 果实成熟要点

果实色泽的表现和果实品质成分的形成常常不一致，多数蓝莓品种会出现果实外观已经完全表现出成熟色泽，但食用品质还不理想的现象。如‘瑞卡’蓝莓果实，其理化指标测定表明当蓝莓果实色泽达到成熟状态时，可溶性固形物含量约为12%，此时风味较酸，口感不好。再发育3～5 d后，甜度增加，酸甜适口，风味浓郁，可溶性固形物含量达15%左右，并且花青素等活性物质和风味物质含量成倍增加，此时才达到完全成熟状态。蓝莓果实不同着色阶段，其表型差异明显，特征特性差异也较大（表3-3）。因此，蓝莓业内提出蓝莓果实完全成熟的采收标准要点有以下6项。

表3-3 果实着色期色泽、表型、特性阶段性变化

色泽	果面表型	特性描述
绿—粉红	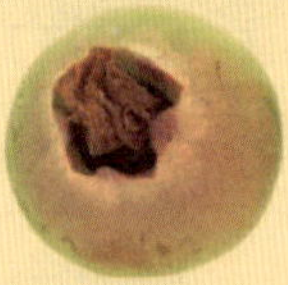	果实以浅绿色为主，果顶（萼片）端或向阳处带粉红色
蓝—粉红		果面以蓝色为主，果基部（果蒂痕）带粉红色，口感偏酸、涩
蓝色		果面几乎完全呈现蓝色，仅在果蒂痕周围微有粉红色，口感偏酸。果实与果柄难以脱离，用力脱离时果皮容易撕裂
蓝色—成熟状态		果面 100% 蓝色，口感微酸，果实还可以继续膨大。果柄与果实之间离层未完全形成，采摘后果蒂痕较粗
蓝色—完全成熟		果面 100% 蓝色，果实不再膨大，果皮开始变软，甜度增加。果实与果柄间离层形成，轻碰果实与果柄即可脱离

（1）果面完全着色。

（2）果柄着色。

（3）果蒂痕周边着色。

（4）果实已经不再膨大。

（5）果实与果柄间容易分离。

（6）果实具有弹性，开始松软。

4. 采摘时间

图3-141　蓝莓果穗成熟状态

大部分蓝莓品种，同一果穗的果实成熟期不同，所以要分批分次采摘完全成熟的果实（图3-141）。果实大约每周采收2次，若是挂果期较长的品种，可以每周采收1次。每次采摘时，要将果穗中完全成熟的果实全部摘下（即轻碰就可脱落的果实）。每次果实采摘之前，先清理落果、裂果、损伤果，单独回收后，带出种植区处理。对于病虫害果实，必须随见随采，带出种植区集中销毁。果实成熟期，温度高时采摘容易造成果实的贮藏性下降，所以要选择在晴天中午高温来到之前或在傍晚气温下降以后再进行果实采收。下雨后，果实因吸水过多，甜度下降，因此需在雨停后2～3 d再进行采摘。

5. 果实采摘及预冷

鲜食的蓝莓商品果采收时，要戴乳胶手套或塑料手套采摘，确保果实表面果粉的完整性，以保持果实较好的外观，提高果实的商品性和贮藏性。采摘时，轻摘、轻拿、轻放。完全成熟的果实，其果皮、果肉都非常柔软，容易受伤，堆积不能过高，以防止挤压。蓝莓果实采摘后要立即放置在避光冷凉处（6～12 ℃），进行田间散热预冷（图3-142），以维持果实的新鲜度，延长货架期，然后再进行分级包装。

图3-142　采收的果实田间散热预冷

6. 果实分级和包装

散热预冷后的果实要及时拉回冷库。冷冻加工用的果实，入库冷冻前先除去杂质，然后装入塑料袋，挤出袋内的空气以防止结霜，密封后立即入库速冻保存。鲜食果实则及时拉入4 ℃冷库进行分级、包装和上架销售（图3-143）。鲜食果实的分级主要采用振筛办法进行分级筛选。将饱满、果径大于0.8 cm的果实选出作为鲜果销售，同时将0.8 cm以上果实分级为0.8～1.2 cm、1.2～1.5 cm、1.5 cm以上的小果、中果、大果三类分装于125 g蓝莓鲜食包装盒中，包装成箱后冷藏销售。目前国际市场上，70%蓝莓果实用于鲜食，30%用于加工。

图3-143　蓝莓鲜果冷库内分级和包装

7. 水分管理

蓝莓果实成熟期，要适当控水，浇水量比果实着色期减少1/3，以促进果实着色，提高可溶性固形物含量。根据水分需求原则，在盆土表面干燥时浇水，水要浇透。为防止水分蒸发过快、水温太低，应在早晚天气凉爽的时间段内浇水。果实成熟期浇水过多或正午时浇水容易造成裂果（图3–144）、落果等，而且果实含水量过大，会影响果实品质和货架期。但此时若遭遇干旱，果实中的水分会向树体转移，造成果实干瘪；此时若及时浇水，干瘪情况可以改善，果实还能继续膨大。对于坐果过多的树，这种恢复会延迟，也有的果实会枯萎凋零。若出现恢复延迟现象，在冬季修剪时，要控制花芽的数量，复壮树势。

图3–144　果实成熟期浇水过多造成的裂果

8. 温度控制

加大昼夜温差，即白天气温高夜间气温低，有利于提高产量和果实品质。白天温度高，有利于形成大量的光合作用产物，而夜间温度低，呼吸作用相对弱，利于植株养分积累，果实的糖分含量会更高，口感会更好，因此，果实成熟期温度控制在白天25～28 ℃，夜间11～13 ℃为佳。

9. 硬枝扦插苗木移栽

硬枝扦插的苗木在这个时期开始生根和抽生新梢，及时进行移栽，利于促进植株生长发育。硬枝扦插苗木移栽方法详见本章果实膨大期硬枝扦插苗木移栽。

10. 病虫鸟害防治

从蓝莓着色开始，麻雀等各种鸟类开始啄食蓝莓，即使架设防鸟网，若有破损的空隙，鸟也能钻进网内啄食果实（图3–145）。因此进入果实成熟期时，要及时检查防鸟网，有破损的及时修补，以免发生鸟害。啄食蓝莓果实的鸟类较多，大小不等，防鸟网最好采用网孔小于（2.0 cm×2.0 cm）～（2.5 cm×2.5 cm）的，确保能防止各种鸟类啄食蓝莓。

采收期除了鸟害发生严重外，还会有灰霉病和果蝇等发生，此时宜采用物理防治方法：①摘除病果、病枝和病叶、或植株，进行销毁，以防止病虫害进一步扩大。②若有杂草和落果，也会加重病虫害发生，需要及时去除杂草，并清理落果。③加大通风透光。④增施磷钾肥，提高植株抗病力。⑤及时采用蓝黄板、果蝇诱杀剂、诱虫器等捕杀害虫。一般每亩地放置15～25个果蝇诱杀剂，每5米挂一张蓝板、一张黄板和1个诱蝇球（图3–146）。

图3-145　采收期防鸟网内鸟及为害果实状

图3-146　蓝莓生物防治病虫害

小知识

果蝇诱杀剂配制

以质量比计算，将红糖、白醋、50° 白酒和水以 4：4：3：10的比例配制成糖醋液（图3-147），加入少量敌百虫诱杀蓝莓果蝇成虫，对诱杀蛾类、金龟子等成虫效果也较好。

图3-147　果蝇诱杀剂配制

九、采收结束期

植株在果实膨大期和成熟期，树体消耗了大量的养分以供给开花结果。果实采收结束后，容易造成树体营养亏损，需要及时补充养分，为花芽分化的正常进行和来年的丰产稳产打下基础。因此，果实采收结束，不是一年田间管理的结束，而是下一年管理的开始。此时的主要管理措施有加强肥水管理、夏季修剪（即采后修剪）、对繁育已生根的种苗进行移栽、去除防鸟网等。

1. 肥水管理

果实采收后根据土壤养分情况追施速效肥料以恢复树势，补充结果造成的养分损伤。常用肥料有硫酸铵及微肥，也可以使用蓝莓专用肥，以促进树体发育，保证来年产量。施肥方法一般为随水追施或撒施，可有效减少肥水流失。果实采收结束后，应适当减少浇水次数，使植株干物质含量提高，加速枝条木质化、促进花芽分化。表土干燥时及时浇水，浇透，一般2～3 d浇水1次。

小知识

蓝莓采后专用速效肥配制

速效肥配比：将4份硫酸铵、3份过磷酸钙、1份硫酸钾混合即可配成蓝莓专用肥，作为蓝莓萌芽期、采后树体恢复的蓝莓专用肥（图3-148）。一般每株施用50～100 g。

图3-148　蓝莓采后专用肥配制

2. 防鸟网拆除

采收结束后，及时拆除防鸟网，以免影响植株的光合作用，造成光照不足影响花芽分化和光合作用，也影响后期田间作业。

3. 夏季修剪

蓝莓采收期结束时正处于新梢的旺盛生长季节，植株生长量较大，采收后要及时进行修剪，否则容易导致结果枝组外移、枝组老化、树冠郁闭、健壮枝条少的现象，也可避免花芽老化或出现二次开花现象（图3-149）。

图3-149 蓝莓二次开花

夏季修剪主要采用疏枝、短截和回缩的方法，对根蘖枝、内膛枝、衰弱枝、旺盛枝和结果枝进行修剪。修剪的主要原则是去弱留强，去除生长过密的枝组、细弱枝、病虫枝、老枝、枯枝、交叉枝、重叠枝等，以减少养分消耗，调节树体养分流向，促进芽眼饱满老熟，同时防止树冠外移，节约营养和改善通风透光条件。另外，对生长相互影响的结果枝，去弱留强，待休眠期再进行疏枝、回缩、短截等。对直立性强的品种，疏除树干中心部位的枝条，使树冠开张；对开张性强的品种，剪除树冠下部和外围的水平枝、下垂枝，重剪弱枝，促进形成健壮枝。

总之，夏季修剪主要进行株丛基部主干梳理、结果枝回缩、细弱枝疏除、健壮枝短截等操作，达到培养通风透光的树冠、集中养分促进秋梢的生长，培养更多健壮枝作为下一年结果枝的目的，为下一年丰产、稳产打下基础。

1）植株基部枝条疏剪

植株基部会萌发大量基生枝、侧枝、细弱枝。若果实采收后不加以疏除，会造成下方树冠郁闭，容易造成病虫害的滋生。因此果实采收后根据修剪的5个步骤，及时疏除植株基部萌发的细弱枝、根蘖枝，保留5～8个健壮主干枝；若主干枝不够，在保留原有主干枝的基础上，将1～2个新萌发的健壮基生枝培养为主枝，保证每个植株有5～8个健壮主干枝。同时疏除主干枝基部30 cm内的侧枝，促进株丛通风透光（图3–150）。

图3–150　株丛基部枝条疏除

①疏除前；②疏除后

2）结果枝回缩

蓝莓结果枝生长发育与其他树种有差异，结果枝的结果特点为：结果枝顶端的花芽开花结果，等果实采收后枝条干枯。而花芽下方的叶芽萌芽后会抽生3～8个侧枝，甚至有10多个侧枝（图3–151）。

图3–151　结果枝开花至采收后变化

因此在果实成熟采收后，应及时对结果枝进行短截、回缩或疏枝，以促进下部新梢的萌发和健壮生长。修剪方法为；先观察结果部位下方侧枝的萌发数量和健壮程度，如果结果枝下方萌发了3～5个健壮的侧枝，则在结果部位下方、健壮侧枝上方直接进行回缩；如果侧枝萌发数量超过8个，且都长势健壮，则先疏除结果枝上萌发的较细弱的侧枝，再保留不同方向5个健壮的侧枝后进行回缩，促进侧枝健壮生长（图3–152）。

图3–152　结果枝回缩

特别要注意的是，不管是回缩还是对枝条进行短截，都不能留小树桩，否则会影响剪口的愈合，削弱枝条的生长势，还会容易成为病虫菌的滋生地（图3–153）。

图3–153　回缩或短截不能留桩

3）树冠上细弱枝疏除

随着叶芽萌发，树冠上抽生大量枝条。若果实采收后不加以疏除，会造成树冠内膛郁闭，影响植株后期的花芽分化。因此，果实采收后进行疏枝的主要目的在于合理布局树冠内枝条的空间，创造通风透光且高产的树冠，确保足够的健壮营养枝供来年生产结果的同时，还能保证树冠通透。因此夏季修剪时，树冠上新梢的处理方法主要是疏枝，即疏除树冠的内膛枝、交叉枝、细弱枝、平行枝、过密枝等（图3-154）。

图3-154 疏枝

4）健壮枝短截和摘心

主枝上在萌发大量细弱枝的同时，也萌发大量健壮侧枝，健壮枝条可以长到超过50 cm长，甚至100 cm，这容易造成树冠外扩，占用较大的栽培场所，而且下一年结果时结果枝易下垂，造成树冠郁闭。因此，采果后需对健壮营养枝进行不同程度的短截或摘心，促进分枝，培养健壮枝组为下一年结果做准备。

一般情况下，每个主干上短截1～2个生长最旺盛的枝条，进行轻度短截和中度短截即可，不进行重短截。有些生长旺盛的枝条长度若低于30 cm，也可以进行摘心控制枝条伸长生长（图3-155）。

图3-155 旺盛枝的短截和摘心

健壮枝条短截或摘心后，会明显地增加分枝数量、扩大树冠、增加结果枝数量，还可以改变结果枝的类型，培养紧凑型的丰产树型（图3-156）。这个季节的短截和摘心修剪适用于幼树和生长健壮的植株，以减少休眠期修剪工作量，对提高早期产量和品质有重要意义；但不适合于长势衰弱植株，或萌芽抽枝能力差的植株，否则反而削弱树势；也不适合于高寒地区蓝莓的修剪，否则极易造成新梢成熟度差，出现越冬抽条，或花芽分化不完全等现象。

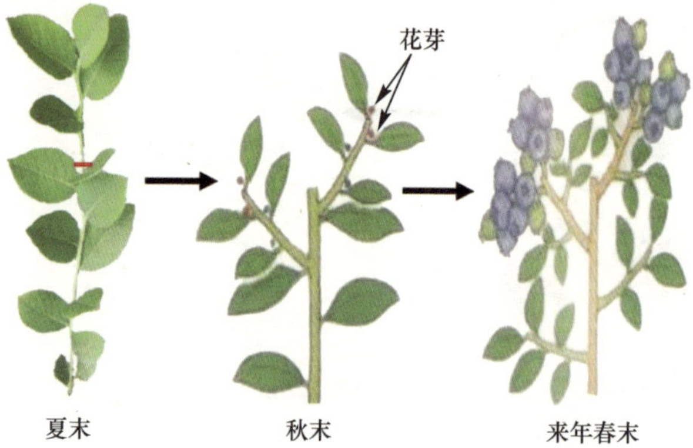

图3-156　新梢短截或摘心后的修剪反应

目前在南方温暖地区的蓝莓种植，常采用夏季重剪促进壮枝萌发的方法。此修剪方法简单，它保留不同方向约5个主干枝，对每个主干枝进行重剪或极重修剪，只保留20～30 cm长的枝干，留极少叶片用于光合作用（图3-157）。这种修剪方法一般适于基质栽培的南方温暖地区，不适于在低温、寒冷、生育期短的栽培区域进行，以免枝条生长量不足、造成枝蔓成熟度低，影响越冬。

图3-157　温暖地区基质栽培采后修剪

4. 补充覆盖物

经过上半年的风吹、日晒、雨淋和微生物分解，地表面植物覆盖物逐步减少，需要及时补充覆盖物，保持10 cm以上的厚度（图3-158）。补充覆盖物的时候，注意覆盖物中不能混入土壤，以免发生发酵和病虫害滋生等问题。

图3-158　地表面覆盖物被侵蚀减少

5. 新梢停止生长

进入秋季后，当年萌发的新梢顶端形成黑尖后，不再进行新一轮的新梢生长发育，枝条顶端及其下方的叶腋间的芽体开始膨大，此时新梢已经进入停止生长发育期。有的品种新梢停止生长比较早，如‘瑞卡’，该品种在温暖地区盛夏时就停止了新梢生长；有的品种新梢停止生长较晚，如‘粉蓝’，该品种在秋末还能抽生新梢。随着气温开始下降，在短日照情况下，叶腋间的芽开始进行花芽分化，芽体以肉眼可见的形式膨大（图3-159）。该时期的田间管理主要有浇水、杂草清除等。

图3-159　新梢停止生长期的表型

6. 花芽分化

夏至之后，随着日照时数变少，新梢顶端的叶芽开始转化成花芽，此时植株进入花芽分化期。花芽分化的具体时间因品种而异。多数蓝莓品种，在果实采收中后期就开始进行花芽分化，部分品种在果实采收结束才进行花芽分化，直到第二年开花期，花芽分化才完成。

花芽分化通常从新梢顶端往下依次进行分化，分化顺序依次为分化初期、花序原基分化期、花萼原基分化期、花冠原基分化期、雄蕊原基分化期、心皮原基分化期，胚珠形成时为蓝莓花芽分化完全时期（图3-160）。花芽分化质量受温度、湿度和光周期等气候条件影响，短日照利于花芽分化，一般分化时间为5～8周。值得注意的是，花芽一般只在有叶片的叶腋间形成，叶片脱落的节位没有花芽分化。新梢停止生长后，花芽分化还在进行，此时除了正常的浇水、清除杂草等管理外，可以进行秋季修剪。

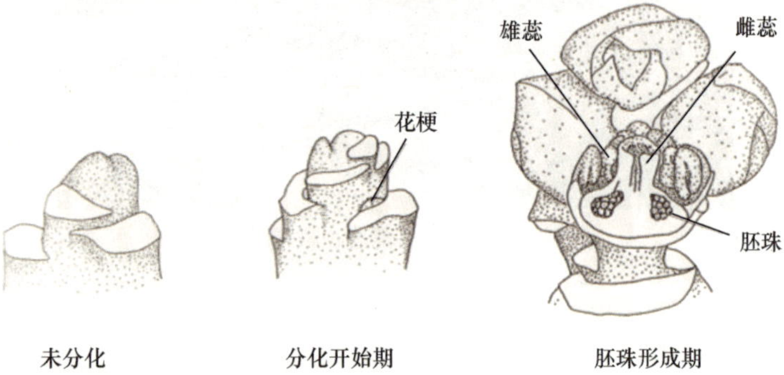

图3-160　蓝莓的花芽分化

7. 秋季疏剪

入秋后，大部分地区种植的蓝莓都不再进行新梢的萌发和生长，此时容易观察树体长势，判断树冠疏密度。因此，这个时期可以进行秋季疏剪，主要以疏除过密、细弱的大枝组为主。秋季修剪在幼树、旺树和郁闭树上应用较多，可以改善光照条件和提高内膛枝芽的质量。细密大枝组一般在树冠中部和内部，结果后，下方萌发的侧枝较多，枝条长度低于20 cm、粗度低于0.3 cm的大枝组，在秋季要及时疏除，否则会消耗过多的养分去形成大量花芽，来年结的果实较小（图3-161）。

图3-161　秋季疏除细弱大枝组

疏除大枝组后，短截过长的

新梢，利于枝条养分集中，促进下方花芽分化质量的提高。这种新梢一般只进行轻短截或中短截，可促进花芽分化，提高花芽质量，保留下方3～5个花芽，让这些花芽在下一年开花结果（图3-162）。同时对极细弱新梢进行中短截，保留1～2个花芽，剪除枝条上端花芽枝，以促进保留的花芽分化完全，而不是长出新梢，形成紧凑型树冠。但秋季一般不对健壮枝枝组进行修剪，以免减少单株花芽量，降低产量。同时，有的品种不适于新梢短截，否则会将花芽疏除掉，造成来年减产。因此，新梢短截要根据枝条上花芽数量进行适当短截，没有花芽出现时，不能进行短截。

图3-162　新梢秋季短截

十、叶片变色期

秋末冬初，随着气温的降低，蓝莓植株地上部分的生长开始变弱，根系生长变得缓慢，叶片开始转色，不同品种叶片呈现颜色不一样，多数品种出现红叶（图3-163）。这个时期需水量较少，如果土表下方5 cm处出现干旱，需及时浇水，补充水分。这个时期，蓝莓不需要施肥，但在南方温暖地区可以进行苗木定植或移栽，具体方向详见本章萌动期描述。

图3-163　蓝莓叶片进入变色期

十一、落叶期

蓝莓落叶期因南北地区气候环境条件不同而有明显的差异。南方地区落叶品种一般在11—12月落叶，北方地区一般在10—11月落叶，东北高寒地区9月至10月落叶，落叶具体时间由当年当地的气温决定。当夜间温度开始下降至0 ℃左右，大部分落叶蓝莓品种的叶片产生离层，开始落叶（图3-164）。落叶期蓝莓田间工作主要是清除落叶和清理杂草，配合浇灌封冻水同时撒施硫黄粉以调节pH。若土壤有机质含量较低，可以开沟施入腐熟的有机肥。

1. 清理落叶

落叶结束时，及时清理落叶，同时清除杂草。虽然冬季不清理杂草和落叶，利于提高地温，减少土壤的封冻厚度，利于植株越冬；但是冬季老鼠极喜欢在叶片下方觅食，容易将蓝莓枝干当食物而连根啃食，因此需要及时清理落叶和杂草，预防越冬鼠害发生（图3-165）。

图3-164　蓝莓进入落叶期

图3-165　蓝莓枝干越冬鼠害状

2. 浇封冻水

落叶结束时需要浇一次越冬水，浇水在植株进入休眠前几天，水要浇透，保证土壤含水量饱和，减少冬季枝蔓抽条比例。可以采用全区域喷灌的方式保证浇水量的充足，增加树体水分的积累，提高树体越冬能力。此次浇水，不仅植株的根系要浇透外，还需向四周延伸20 cm以上，以保证根系区域冬季不干旱开裂。有条件时可以进行全园喷灌，确保越冬季节不会因为干旱而产生抽条。

3. 土壤pH调整

定植后的蓝莓园，由于蓝莓从土壤中吸收水分养分、风雨侵蚀和冲刷、肥水的灌溉等都会改变土壤的pH。一般情况下，落叶后要进行栽植区域土壤酸碱度的测定和调整。我国大部分蓝莓产区，土壤的pH随着栽培时间的延长会上升，土壤增酸调整pH方法见表3-4。在浇灌封冻水后，根据每平方米的硫黄粉施用量直接采用地表撒施的方法施入，撒施范围在植株树冠下方以超出树冠10～20 cm为宜，撒施硫黄粉时必须在浇灌封冻水后进行，且不能往枝蔓上撒，以免硫黄粉飘散危害人体健康、伤害植株的地上部分。

表3-4　调整土壤pH为4.5时硫黄粉施用量　（g/m^2）

测定土壤 pH	配方基质硫黄粉施用量	沙壤土硫黄粉施用量	黏土硫黄粉施用量
7.5	150	95	280
7.0	130	75	240
6.5	100	60	190

4. 施肥

基肥作为长效性肥料，能为蓝莓的生长发育提供多种养分，落叶后施用基肥效果最好。基肥采用穴施或沟施，在行间、株间挖施肥沟，深度20～30 cm，以腐熟的牛粪、鸡粪、猪粪为主，单株施肥2～3 kg，可根据树龄和株丛大小适度增减用量（图3-166）。

十二、休眠期

落叶结束后到春季萌芽的这个时期，植株地上部分和地下部分生命活动较少，只有较缓慢的生命活动，这个时期称为休眠期（图3-167）。落叶是植物为适应冬季严寒的一种防御机制。由于气候差异和品种的不同，休眠期长短不一。在黑龙江省，休眠期有200～220 d，而在南方温暖地区只有80～100 d。这个时期是一年中温度最低的时候，降水也会相应较少。这个时期主要栽培措施有除草清园、水分管控、鼠害预防、越冬防护和休眠期修剪等。

图3–166　落叶期开沟施肥

图3–167　蓝莓休眠期植株

1. 除草清园

落叶结束刚进入休眠期时，要清园（图3–168），清除园里地面上的落叶和杂草，集中焚烧，这可以清除大部分病虫害来源，同时可以有效减少鼠害的发生。

图3–168　待清理园地

2. 水分灌溉

休眠期植株也需要补充水分，只是不需要像生育期一样勤浇。地栽苗木的土表面开始出现干燥时，进行适当喷灌，增加土壤含水量的同时，提高空气湿度。灌溉量为成龄树每株20～30 L，幼树每株约10 L水即可。若是庭院盆栽，则每周浇水1次，每次以盆钵渗出水分为宜。休眠期浇水应在中午温度较高时进行，地栽蓝莓苗木浇水频率一般每月浇水1～2次，若盆栽蓝莓的花盆较小，每月浇水3～4次。

3. 鼠害预防

我国北方高寒地区，如黑龙江省、吉林省和辽宁省等地冬季寒冷，蓝莓种植时，在冬季需要对树体进行防寒保护。防寒保护期间，植株枝条极易受老鼠啃食。主要危害症状为：长势健壮的主干枝基部被啃断，粗壮的枝干被啃碎，在植株基部留下碎渣（图3–169）。因此蓝莓产区中的冬季越冬防寒区域都需要进行鼠害预防，主要措施有：①清理杂草、落叶，不给老鼠留落叶、杂草等用于絮窝；②毒饵诱杀，选用老鼠喜食的诱饵，拌入杀鼠药进行诱杀，老鼠药的浓度以毒杀体型中等的鼠种为宜。

图3–169　越冬时蓝莓根茎处枝梢被老鼠啃碎

4. 越冬防护

在低温寒冷地区，蓝莓植株需要进行保护才能安全越冬。越冬防寒前3～5 d，需要浇透水，待地表面水迹吹干后开始进行防寒。盆栽蓝莓可将盆栽苗放入地窖或冷库中，也可以将盆栽苗集中后放倒，间歇放置老鼠毒饵，然后在盆栽上面覆盖无破损的塑料布用来保湿，再在塑料布上覆盖约10 cm厚的棉被，棉被必须盖严，做到不透光、不透风。

若采用棚室栽培蓝莓，在白天温度在0 ℃以上，夜间–10 ℃左右时，可采用冰霜防寒方法（图3–170）。具体方法为：入冬土壤上冻后，白天对棚室进行全面喷灌，浇透水，形成大量水雾，棚膜密封后，在棚膜外覆盖黑色不透光（棉被、黑地布、高遮光率遮阳网等）的覆盖物，随着冬季温度降低，内部塑料膜上形成冰霜，达到防寒目的，还能有效减少蓝莓枝条的越冬抽条率，增产效果明显。

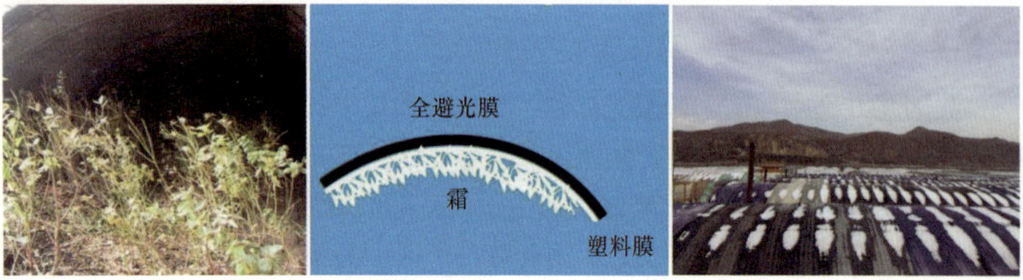

图3–170　棚室越冬冰霜防寒方法

若是地栽苗木防寒，则在晴天的正午将枝条压倒，绑扎固定在地面上。压倒枝条时，不能使用蛮力，否则会压断枝条。具体措施为：①苗木绑缚：在晴天正午进行，用绳子将苗木主干绑缚成捆，然后抓着顶端枝梢往下压，压倒后用绳子将捆好的苗木与地面固定。②苗木保湿材料覆盖：一般用塑料布作为保湿材料覆盖在苗木上方，四周压严实，保证不通风不透气。③苗木保温材料覆盖：在塑料布上面覆盖约20 cm厚的土壤拍实，宽度比植株宽约40 cm，每边20 cm以上；也可以采用防寒棉被等保温材料进行覆盖，但须压严实，以免被大风吹起（图3–171）。

图3–171　蓝莓埋土防寒和盖防寒被防寒

总之，蓝莓越冬防寒过程中，不论是设施栽培还是露地栽培，使用塑料布保湿时，塑料布应无损伤不透风；用土壤或防寒被保温时，保湿材料不能外漏，土要拍严实，棉被要压紧，否则容易造成防寒失败。当土层或棉被等防寒层透光时，光照射到塑料上，容易造成塑料布下方日夜温差剧烈变化。白天高温枝条萌动，夜间低温枝条上冻休眠，容易导致枝条抽条。若保湿塑料布漏风，在漫长的冬季，寒风会直接将枝条里面的水分吹干，同样会造成枝条抽条。因此防寒时做到不透风、不漏光很重要，这直接影响越冬成功性。

第四章

Chapter 4

蓝莓栽培中常见问题及解决办法

一、植株经济寿命概念

所谓的果树“经济寿命”，是指具有经济价值栽培果树的树龄，以采收果实销售为目的，具有一定产量的存活年龄。一般而言，兔眼蓝莓类群的植株经济树龄在25年以上，高丛蓝莓类群栽培树龄为50年以上的也有。随着经济树龄的结束，植株逐渐老化，树势和产量也渐渐下降，但还依旧存活，只是产量较低，没有了经济价值。

二、定植很久后苗木不长

定植2～3个月后，发现苗木没有明显地进入生长发育状态，枝条下端的老叶叶片开始变成暗红或棕红，新叶边缘发黄或发红，挖出苗木发现没有新根萌发（图4-1）。

造成这种现象主要有5个原因及采取措施：①定植时钵苗根系紧密团成根系团，定植时没有进行破根处理，造成植株无法吸收定植区土壤中的水分和养分，需要及时破根重新定植；②定植时，钵土较干旱，定植后浇水时没有将钵土浇透，造成根系缺水，需要先将根系团放入水中浸泡，浇透水后重新定植；③定植穴的土壤板结，根系无法外延，只能在钵土空间内生长，这种情况需要重新改良土壤，重新定植（图4-2）；④定植苗木为3年以上的扦插小钵苗，根

图4-1　定植后苗木不生长发育

图4-2　栽培土壤黏重

系已经出现褐色甚至黑色，仅有1～2个独立细长的主干，长势较弱，这种苗木不容易成活，需要换苗定植；⑤定植太深，将根茎埋入土中，不利于根系发育，且根茎处呼吸受阻，造成土壤中根茎韧皮部褐化腐烂，需重新定植。

三、幼叶或茎尖发红

在新梢萌发期，基生枝或粗壮的新梢顶端叶片呈现红棕色、棕黄色等颜色（图4-3），但植株上其他叶片颜色正常，且枝蔓的生长发育正常，只是萌发的幼嫩新梢或茎尖呈现红棕色，尤其是基生枝的叶片颜色为整个植株中红色最深的，但长势正常，这属于正常现象。因为，这个时候可能由于气候环境条件适宜，植株地上部分处于旺盛生长期，而根系发育和新梢发育不同步，造成幼嫩组织营养缺乏，颜色呈现棕色或红棕色。这种现象在幼苗上尤其是基质栽培苗上萌发的基生枝上表现突出，也最为常见。

图4-3　蓝莓展叶后幼叶或茎尖发红现象

四、果实不膨大或膨大不明显

‘瑞卡’‘密斯黛’‘奥罗拉’等蓝莓品种在落花后，青果不膨大或膨大不明显，出现僵化果实，果实较小，没有展现品种本身具有的果实特征特性（图4-4）。这种现象尤其在昼夜温差较大地区表现明显，主要是由于花期或授粉受精期，夜间气温低于10 ℃，造成授粉受精不良，导致果实不膨大；有时白天气温超过28 ℃也会出现这个问题。这些品种需要在花期进行适当的温度调控，以促进果实生长和发育。

五、采收的果实越来越小

有些蓝莓品种花芽分化较好，花芽较多，单个枝条的花量大，单株的花量更大，且果实成熟期不一致（图4–5）。一般情况下，蓝莓植株上最先开花结果的果实由于花芽分化质量好、营养水分充足，因此果实较大，可先成熟采收。随着膨大和成熟的果实越来越多，进入果实成熟采收盛期，此时，植株上萌发的新梢也进入了快速生长期，果实和枝条都在大量消耗树体的养分和水分。随着膨大果实数量增多和枝叶萌发量加大，树体养分消耗越来越多，极易造成采收的果实越来越小。因此，当植株单个枝条花朵较多的时候，应根据枝条健壮程度进行合理疏花，保留优质花芽，保证枝条合理的负载量，均衡果实；同时，在果实发育期间，要薄肥勤施，加强植株营养，保证果实品质。

图4–4 ‘奥罗拉’品种的果实不膨大现象

图4–5 蓝莓果实分批成熟

六、落花落果

在开花期、坐果期，常常出现子房不膨大，整个花果器官开始变红变紫，从萼片到子房变成浅紫色，然后果实脱落或萎缩的现象（图4–6）。这是开花期授粉受精不良造成的，主要原因有以下几个方面。

（1）蓝莓品种在该地区不适宜，冬季低温需冷量不够，造成坐果率低，落果严重。

（2）栽培品种与授粉品种搭配不合适，或花期不一致，授粉不良。

（3）开花期温度低于12 ℃或高于30 ℃，造成受精不良。

（4）花期阴雨或湿度过高，或浇水过多，影响授粉受精，造成落果。

（5）花期蜜蜂等昆虫较少，授粉不成功。

图4-6　蓝莓落花落果现象

七、不坐果或坐果少

花期时，满园的花，但谢花后，坐果极少（图4-7），这可能是授粉受精不良造成的。出现这个现象需要逐步考虑以下问题：①多数蓝莓品种自花不结实，需要异花授粉，种植时，是否已经搭配了2个以上的品种，而不是2株以上的苗。②如果种植了多个品种还出现坐果少的问题，则应考虑栽培的几个品种的花期是否不一致，造成无法正常授粉受精。③如果种植了多个品种且花期一致，则考虑是否几个品种都出现坐果不良的问题。如果是，则说明是花期温度和水分的管控有问题。花期要适当控水，以促进授粉受精。如果有的品种坐果好，有的不好，则可能与品种间的授粉亲和性有关，需要搭配亲和性较好的品种来授粉。④若以上几个问题都排除，则应考虑栽培的品种是否是虫媒花品种。蓝莓花柱下垂，造成有虫媒花品种、风媒花品种的差异，有的虫媒花品种必须有蜜蜂等昆虫授粉才能进行正常的受精和坐果。

图4-7　蓝莓不坐果或坐果少

八、鸟害

随着生态环境的变好，鸟的种类和数量越来越多，目前成了蓝莓生产栽培的一个大问题。蓝莓果实成熟时味道甜美，呈现蓝紫色或深蓝色，果色诱人，是许多鸟类偏爱的食物。很多鸟类特别是麻雀喜欢啄食蓝莓果实，露地种植的蓝莓常受鸟类的为害，造成蓝莓产量下降，果品质量下降。大的鸟类吞食蓝莓整果，小的鸟类啄破果实啄食，有的鸟还将大量果实啄落在地，落地的果实鸟不食用，而是继续啄食树上的果实，很多未成熟的果实也被大量啄落（图4-8）。最有效防止鸟类为害的方法是架设防鸟网，防鸟网以2.0 cm × 2.0 cm网眼的网防鸟效果最佳，可以防止大部分的鸟害发生。

图4-8　蓝莓果实的鸟害状

九、缺水引起叶片枯黄

蓝莓栽培中有4个重要的需水期，分别为萌芽前、开花后、果实膨大期、落叶休眠期，这只是说明这4个时期需要水分量大，对果实品质和产量意义重大，并不意味着只在这4个时期进行浇水就可以，其他时期不需要浇水。在蓝莓的整个生育期中，蓝莓植株都需要适当的土壤水分供给，如果在干旱的生长季节，连续2～3周不浇水，随着干旱时间的延长，植株先后表现出新梢茎尖开始停止生长，顶端叶片最先出现块状枯黄，随后枝条顶端的叶尖端开始萎蔫干枯，直至枝条上半端叶片干枯萎蔫，然后叶片脱落，下方的叶片开始成块枯黄；最后新梢上半截干枯，下方叶片尖端开始干枯，最后整株地上部分全部干枯，直至干旱死亡（图4-9）。因此，当出现叶肉块状干枯时，说明缺水严重，要及时浇水补救。

图4-9　干旱造成的叶片块状枯黄和枝干干枯

十、土壤透气性差造成叶片发红

蓝莓叶片发红，包括叶肉和叶脉均发红，新梢和幼叶尤其严重，随着时间的延长，叶片红色加深（图4-10），这是由于种植土未进行改良，或土壤黏性较大，浇水后，土壤板结程度加重，土壤透气性差造成的。需要及时进行中耕，增施有机肥或草炭土来改良土壤，以增加土壤透气性；还可以通过起垄，增加土壤透气性。

图4-10　土壤不透气造成叶片发红症状

十一、土壤干旱造成幼叶失绿

蓝莓幼叶或茎尖叶片失绿，叶脉保持颜色不变，叶肉变黄，叶尖变紫或变红，在早春新梢快速生长期比较明显，随着时间的延长，叶片红色加深（图4–11）。这是由于这个时期植株需水量大，但又没有及时供给水分，土壤含水量较低而缺水造成的。需要及时进行浇灌，以增加土壤含水量。

图4–11　干旱造成红叶症状

十二、土壤pH过高

蓝莓栽培中最常见的是土壤的pH过高，pH过高时，幼叶的叶肉开始黄化甚至变红，下部叶片叶缘比叶片中心颜色浅，新萌发的叶片变薄，幼叶和新梢的症状比较明显（图4–12）。出现这种情况时，应尽快使用酸性肥料或酸性试剂配制成pH为4～5的溶液进行浇灌调节。

图4-12　土壤pH过高时叶片症状

十三、土壤pH过低

栽培过程中，土壤pH过低的情况比较少，一般在栽培多年的生产园进行pH调节发生不当时才出现，幼叶叶肉颜色变浅黄色，叶脉为绿色，严重时有些幼叶叶肉变红（图4-13）。若出现这种情况，可根据pH大小进行大水漫灌，尽快提升土壤pH。

图4-13　土壤pH过低时叶片症状

十四、蓝莓缺素症

蓝莓生产栽培过程中，经常出现叶色不正常、植株生长发育矮小等问题，出现这些问题时要依次考虑土壤pH、土壤透气性、土壤含水量和缺素问题。如果对土壤检测后排除pH问题，则考虑是否出现缺素症。蓝莓栽培中常见的缺素症及其相应症状和防治措施见表4-1。造成蓝莓出现缺素症的主要原因有：①土壤水分含量低或分布不均；②排水不良、虫害、肥害和土壤板结等原因造成根系发育不良；③土壤中铵态氮含量不足；④土壤中有机质不足。

表4-1 蓝莓缺素症及防治措施

元素	主要症状	防治措施
N	新梢生长量减少,叶片变小，叶片黄化、呈现白绿色，老叶先表现症状	每亩施用2 kg氮肥，分2次施入，如果土壤覆盖或浇水较多，可增施2次
P	生长量降低，叶片小且呈现暗绿色，或出现紫红色，老叶先表现症状	施用五氧化二磷，每年每亩4 kg
K	叶片杯状卷起，叶缘焦枯，老叶先表现症状	施用氧化钾，每年每亩3 kg
Mg	叶脉间失绿，伴有黄色或红色色斑，老叶先表现症状	施用氧化镁，每年每亩1.5 kg
Ca	幼叶叶缘失绿，出现黄绿色斑块	判断土壤pH是否过低，根据土壤pH加入石灰
S	幼叶叶脉明显变黄，老叶呈现黄绿色	施用硫酸铵
Cl	中毒。表现为新梢中部叶片中上部叶表面为咖啡棕色，基部叶片尖部变黄	停止施用含氯的肥料
Fe	幼叶叶肉失绿、黄化，叶脉保持绿色	撒施硫黄粉，降低土壤pH，并及时叶面喷施含铁元素的肥料，如螯合铁、硫酸亚铁等

续表4-1

元素	主要症状	防治措施
Mn	幼叶叶脉间失绿，但叶脉及叶脉附近呈带状绿色	将土壤 pH 调节至 5.2 以下，叶面及时喷施含锰元素的肥料，如螯合锰等
Zn	叶片变小，节间缩短，幼叶失绿，并沿叶片中脉向上卷起	将土壤 pH 调节至 5.2 以下，叶面喷施螯合锌、硫酸锌等
B	新梢顶端枯死，幼叶小且呈现蓝绿色，并呈线状卷曲	充分灌水，叶面及时喷施含硼元素的肥料，如硼砂和硼酸等
Cu	症状与缺锰相似，但有时新梢顶端枯死	保持土壤排水良好，将土壤 pH 降到 5.2 以下。喷施含铜元素的肥料，如螯合铜、硫酸铜等

蓝莓栽培出现的缺素症状的多数原因并不是土壤里缺少这些元素，而是土壤pH过高，或干旱，或土壤板结，影响了这些营养元素的吸收，所以治疗蓝莓缺素症的主要方法是进行土壤酸碱度的调节和灌溉排水。调节土壤pH对平衡土壤中各类营养元素具有重要作用，通过有效的生产管理和生产操作，定期对土壤进行改良，可以有效防治蓝莓的各种缺素症状。蓝莓土壤最适宜pH为4.0～5.5，pH过低或过高都会产生蓝莓植株的生理障碍，出现各种缺素症状。土壤pH过高时，可通过垄面撒施硫黄粉或施入酸性肥料来调节；pH过低则可施入碱性肥料或石灰粉来调节。蓝莓属于寡肥性作物，需要薄肥勤施，但不能施用硝态氮和含氯肥料，否则也会出现生理障碍。

十五、缺营养元素

1. 缺氮

植株缺氮时，蓝莓生长缓慢，叶片枯萎变黄，叶肉发红甚至死亡。首先表现为整株叶片同时黄化，老叶失绿表现先于幼叶，然后幼叶发红，严重时叶脉变黄，最终整株叶片均受影响，植株生长严重受阻（图4-14）。

图4-14　蓝莓植株缺氮症状

图4-15　蓝莓植株缺磷症状

2. 缺磷

磷元素缺乏时，植株发育不良，比正常植株矮小，节间短缩，叶片较小，叶色较深。老叶缺磷时含糖量增加，叶片发紫，紫颜色逐步从边缘向叶面扩展，直至整个叶面（图4-15）。有时叶片上还出现规则形状的坏死，叶片和枝条之间的夹角变小，叶片几乎贴在枝条上。花序轴变短，花序变小。一般情况下蓝莓植株需磷量较少，出现缺磷症状时，多数是土壤pH高于5.2所致。在很多蓝莓种植园中会出现缺磷症状，此时先测定土壤pH，确定缺磷原因后再进行防治。

3. 缺钾

植株缺钾时，新梢顶端发育停止，老叶边缘似烫金状，叶边缘逐渐干枯，枝条中部叶片会出现不规则坏死斑点，后期因枝条顶端枯死而刺激枝条中部叶芽萌发抽生新梢，新梢表现叶脉间失绿现象（图4-16）。沙质土壤遇持续降雨时，容易出现缺钾症状。

4. 缺铁失绿

缺铁失绿是蓝莓栽培时经常发生的一种营养性失调的症状。开始出现症状为叶片变淡黄色，叶脉间叶肉失绿，几乎发白，生长停止，叶脉保持绿色；症状严重时叶脉也开始失绿，其中新梢顶部叶片症状表现最早且最严重（图4-17）。引起蓝莓植株缺铁失绿的主要原因是土壤有机质含量不足，或土壤pH过高，或土壤中钙含量过高，或石灰含量高。最有效的解决方法是施用酸性肥料硫酸铵等，同时结合土壤改良加入草炭后效果会更好。叶片喷施硫酸亚铁也能暂时使叶片恢复绿色，但由于叶面喷施的硫酸亚铁在叶片中很难扩散，容易出现斑块状恢复。叶面喷施螯合铁0.1%～0.3%，效果会更好，30 d内叶片可转绿，第二年还有效果。蓝莓缺铁性失绿在石灰性土壤、有机质含量不高的种植区发生极为普遍。

图4-16　蓝莓植株缺钾症状

图4-17　蓝莓植株缺铁失绿症状

5. 缺镁

缺镁容易造成叶绿素合成减少，最初症状为叶脉间黄化，逐渐变成亮红色，并出现红色斑点。一年生枝条下部的叶片，最先出现症状，而枝条上端的嫩叶，很少受到影响。缺镁主要表现在生长旺盛的新梢和老叶上，叶肉与叶脉间坏死，然后失绿部位开始变黄，变成橘黄色，最后叶缘由红色变褐色，严重时全面呈现红色（图4-18）。缺镁失绿症可以用氧化镁来防治，施用量一般为每亩1.5 kg，即可逐步缓解。

图4-18　蓝莓植株缺镁失绿症状

6. 缺锰

植株缺锰时，多数情况下，比缺铁症状严重。缺锰初期幼叶的叶脉间失绿呈现浅黄色，抽生的新梢也有失绿症状，且长势减弱。随着症状加重，叶缘开始出现红色，整株的叶缘红叶症状明显（图4-19）。不同品种蓝莓表型有差异。

7. 缺钙

蓝莓缺钙初期叶脉间失绿，新叶变形扭曲或成杯状，叶脉间失绿，叶缘黄化、焦枯（图4-20）。随后新萌发的新梢细弱，节间短缩，新根减少、根系吸收养分能力变差。植株缺钙时，果实硬度降低，造成软果、烂果，且不耐贮运等。

图4-19　蓝莓植株缺锰症状

图4-20　蓝莓植株缺钙症状

8. 缺硫

硫元素是蛋白质合成的重要组成成分，土壤缺硫会直接影响土壤的pH，导致幼叶叶脉变黄、老叶呈现黄绿色（图4-21）；硫元素超标则会表现为"盐害"，叶片变黄，边缘枯死。

9. 缺锌

蓝莓植株缺锌时叶片细小，叶边缘扭曲变形，有褶皱，出现白条、叶脉间失绿等症状（图4-22）。

图4-21　蓝莓植株缺硫症状

图4-22　蓝莓植株缺锌症状

10. 缺铜

蓝莓缺铜时，幼叶向叶背面弯曲，从顶端开始出现块状叶肉失绿，随后整株死亡（图4-23）。

11. 缺硼

缺硼时新芽不能正常展开，萌发几周后顶芽枯萎，变暗棕色，最后顶端枯死。叶片弯曲，变厚变脆，严重的时候边缘干枯。缺硼严重时生长点死亡，花序畸形，坐果率低，果小严重且不膨果（图4-24）。

图4-23　蓝莓植株缺铜症状

图4-24　蓝莓植株缺硼症状

十六、氯中毒

图4-25　蓝莓植株氯中毒症状

在蓝莓栽培中，不会出现土壤缺氯的问题，但会出现氯中毒现象。蓝莓对氯敏感，当氯元素超标时，枝条中部叶片的上表面中心部位出现巧克力色污点，枝条基部叶片的叶尖黄化，随着毒害的加重，黄化沿叶边缘从顶向下延伸（图4-25），因此蓝莓园禁止施用含氯的肥料。

总之，当蓝莓植株出现不同缺素症状时，首先考虑土壤pH和土壤透气性问题，检测土壤pH及土壤的黏重程度后再进行调理。如果土壤pH、透气性和含水量都没有问题，则需要检查根系是否出现异常。若排除这些方面的问题，再在缺素初期选择相应的肥料进行调理，快速补充树体所需要的的营养元素，以缓解缺素症状，促进植株的健壮生长。蓝莓属于寡肥性作物，需要薄肥勤施，但不能施用硝态氮和含氯肥料，宜施用营养均衡的平衡肥或磷钾肥，以促进植株平衡生长，促花促果，提高果实品质。

十七、常见虫害

1. 尺蠖

尺蠖幼虫身体细长，行动时一屈一伸像个拱桥，休息时，身体能斜向伸直如枝状，其幼虫常作为“拟态”的典型代表。幼虫喜欢取食叶片，极娇嫩的叶片全叶被取食，仅留下主叶脉（图4-26）。静止时，幼虫常用腹足和尾足抓住枝条，使虫体向前斜伸，颇似一个枯枝，受惊时即吐丝下垂。每年发生1代，以蛹在树下土中8～10 cm处越冬。

防治方法：①人工防治。发生虫害的园内，于秋末中耕杀灭越冬虫蛹，清除园内杂草并烧毁，消灭幼虫和虫卵。幼虫有假死性，可在地下铺薄膜，摇动树干，将落下的幼虫消灭。②购买苗木时，加强检疫，防止带虫苗木扩散。③人工诱杀。在树干上绑15 cm宽的塑料薄膜带，然后集中捕杀。④化学防治。80%敌敌畏乳油800～1 000倍液，或50%杀螟松乳油1 000～1 500倍液，或2.5%敌杀死乳油2 000～3 000倍液，或90%敌百虫晶体800～2 000倍液喷杀。

2. 款冬螟

幼虫钻入蓝莓幼嫩茎尖，蛀食茎秆，形成蛀道，破坏蓝莓体内水分、养分的运输，造成茎尖等幼嫩组织萎蔫、变褐，然后枯死（图4-27）。防治措施有：①对于已经蛀入蓝莓茎秆的幼虫，用棉球蘸取80%敌敌畏乳油1 000倍液，堵住茎尖洞口，熏蒸蛀洞内的幼虫效果较好。②震频式太阳能杀虫灯诱杀成虫。在园内每隔100 m放置1个灭虫灯，可有效诱杀其成虫。③及时剪除出现为害的茎尖，然后灭杀里面的幼虫。

图4-26　尺蠖幼虫对蓝莓植株为害状

图4-27　款冬螟对蓝莓茎尖为害状

3. 叶甲

成虫和幼虫喜食幼叶，从叶缘开始啃食叶肉，嫩叶被啃食成空洞状，还会啃食花器官和果实（图4-28）。在四川省西昌市3—4月叶甲成虫开始取食为害，4—6月开始产卵，5—8月再次暴发成虫为害，田间有世代重叠现象。成虫有趋

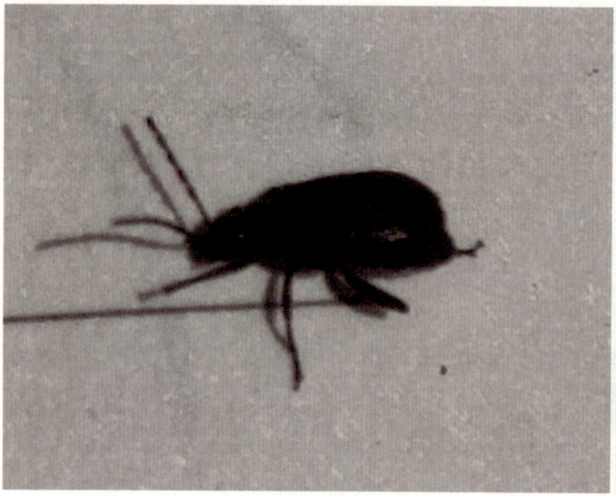

图4–28　叶甲成虫及其为害蓝莓叶片状

光性和假死性，喜欢温暖潮湿的环境。冬季在土表层或枯枝中越冬，下一年春季开始出土为害。防治措施有：①选用组培苗木，减少携带虫卵的概率；②注意清园，减少越冬虫卵基数；③发现叶片损伤时，及时进行诱杀，或喷洒5%氯虫苯甲酰胺悬浮剂1 000倍液，或24%氰氟虫腙悬浮剂1 000倍液，但采收前1周必须停止用药。

4. 蚜虫

蚜虫主要以成蚜和若蚜刺吸食蓝莓汁液造成为害，主要发生在幼尖、幼梢、幼叶、幼花、幼芽、幼果上。蚜虫刺吸以后，使植株失绿，坐果不良，果实缩小，苗木不长，严重时整株苗木长势较弱，导致枝叶枯萎（图4–29）。蚜虫携带多种细菌，繁殖速度快，对蓝莓种植的危害非常大，需要及时防治。防治方法：①在蚜虫大量繁殖季节，施用专用农药，如吡虫啉、苦参碱等；②保护蚜虫天敌，预防和控制蚜虫的繁殖，蚜虫的天敌有瓢虫、蜘蛛、寄生蜂等，保护这些天敌，对保护蓝莓植株有一定作用；③挂蓝黄板灭杀蚜虫。

图4–29　蚜虫为害幼叶和花

5. 黄褐天幕毛虫

图4-30 黄褐天幕毛虫幼虫为害蓝莓状

春季当蓝莓新梢发育时其幼虫便开始钻出卵壳，取食叶片，被害叶片呈现缺刻或仅剩下叶脉、叶柄等，以后又转移到枝杈处吐丝张网（图4-30）。1～4龄幼虫白天群集在网幕中，晚间出来取食叶片。幼虫近老熟时分散活动，此时幼虫食量大增，容易暴发成灾；出土1～2个月后幼虫成为为害盛期，同期开始陆续老熟后于叶间、杂草丛中结茧化蛹；约3个月后为成虫盛发期。黄褐天幕毛虫在黑龙江省一年发生一代，以卵越冬，秋季幼虫胚胎发育完成后不出卵壳即越冬。防治技术：①喷烟喷雾法。在春季幼虫期，利用生物农药或仿生农药，如阿维菌素、Bt、杀铃脲、烟参碱等喷烟或喷雾的方法控制虫口密度，降低种群数量，减轻为害程度。②灯光诱杀法。在成虫期间，采用黑光灯、振频灯进行诱杀。

6. 介壳虫

图4-31 介壳虫成虫及其为害蓝莓状

介壳虫是南方地区种植蓝莓常见的害虫，常群集于枝干、叶背面和果实上，主要为害蓝莓茎干、叶片和果实，以吸取汁液为生，引起树势衰弱，严重时会造成枝条凋萎或全株死亡、植株寿命缩短（图4-31）。在为害过程中，介壳虫的分泌物诱发煤污病，叶片症状上表现明显，危害较大。其中'薄雾'蓝莓品种极易遭受介壳虫为害，造成新梢和枝蔓发育迟缓，引发煤污病。防治方法：①加强植物检验检疫。介壳虫常固着寄生，虫体微小，主要靠寄主枝条、接穗、果品甚至树干携带而远距离传播。因此，对苗木、接穗和果品的采购、调运过程和保护区都应实施检疫，以防传播蔓延。②采用综合农业防治措施，加强田间管理，及时施肥和灌水，满足树体对水肥的需要，增强树势，提高果树抗虫能力。结合整形修剪，把带虫的枝条集中烧毁，减少虫口数量。③采用生物防治方法。利用自然界中介壳虫的天敌，如瓢虫、日光蜂等，控制介壳虫数量，减轻为害。④介壳虫固着生活，活动少，及时采取拔株、剪枝、刮树皮或刷涂等措施进行防治，效果较显著。⑤休眠期喷洒3～5° Bé石硫合剂，3%～5%柴油ES或5%～6%煤焦油ES，对介壳虫有较好的防治效果，并可兼治蚜虫和叶螨。初龄若虫爬动期和雌成虫产卵前是2个防治适期和关键期，可选用低毒的选择性杀虫剂“邯科140”1 000倍液、毒死蜱600倍液、催杀800倍液等喷杀介壳虫。

7. 褶翅尺蛾

图4-32　褶翅尺蛾幼虫及为害蓝莓枝叶状

幼虫喜啃食幼叶和成熟叶，虫口密度大时，全株叶片可以被吃秃。一年发生1代，停栖时常头部向腹面蜷缩于第5腹节下，以腹足和臀足抱握枝条（图4-32）。春末时候，老熟幼虫爬到树干基部寻找化蛹处，吐丝作茧化蛹。以蛹在树干基部、地表下数厘米处、贴于树皮上的茧内越冬，翌年入春后开始陆续羽化。成虫白天潜伏于隐蔽处，夜晚活动，有假死习性，受惊后即落地。卵产于枝干上，入春就开始孵化。各龄幼虫均有吐丝下垂习性，当虫口密度大、食量不足时，即吐丝下垂随风飘扬，或转移至其他寄主为害。防治方法：①对发生虫害较重的植株，于秋末中耕灭越冬虫蛹；清除植株附近越冬的杂草，并加以烧毁，以消灭其上幼虫或卵等。②苗木进行检疫检验，防止带虫苗木扩散。③于晚秋或早春时进行人工防治。幼虫一般有假死性，可在地下铺薄膜，摇动树干，将落下的幼虫消灭。在害虫发生较严重的地方，可人工于树干上捕蛾、刮卵或捕杀群集的初龄幼虫和卵；也可于秋季在树干上捆一圈干草或一薄膜环（毒环），引诱越冬虫到此越冬，在早春加以烧毁。④在为害期进行药剂防治，用苏云金杆菌或青虫菌乳剂、白僵菌粉剂可有效杀灭该害虫。

8. 美国白蛾

美国白蛾属鳞翅目灯蛾科害虫，是世界性的检疫害虫。幼虫食性杂，繁殖量大，适应性强，传播途径广，为害多种林木和果树，也为害农作物、果蔬及野生植物。在幼虫期有结织白色网幕群居的习性。1～3龄幼虫群集取食寄主叶背面的叶肉组织，留下叶脉和上表皮，使被害叶片呈白膜状；4龄虫开始分散，不断吐丝将被害叶片缀合成网幕，网幕随龄期增大而扩展。5龄后，食量大增。美国白蛾一般一年发生两代，以蛹越冬。下一年春季羽化出第一代成虫，夏季老熟幼虫开始化蛹，可同时见到卵、初龄幼虫、老龄幼虫、蛹和成虫，随后是全年中美国白蛾为害最严重的时期，若不及时防治，可造成整个植株受害，出现树叶被吃光的现象（图4–33）。

图4–33　美国白蛾幼虫为害蓝莓状

防治技术：①生物防治。采用Bt乳剂（100亿活孢子/mL）150～200倍液喷雾防治。②处理网幕。在幼虫期发现网幕，结合在树下绑缚稻草方法诱捕幼虫，及时进行杀灭。③黑光灯诱杀。每15亩设置一盏黑灯诱杀成虫。④药剂防治。选用Bt乳油400倍液、2.5%溴氰菊酯乳油2 500倍液、80%敌敌畏乳油1 000倍液、5%来福灵4 000倍液喷药防治，均可以有效地控制此害虫。

十八、常见病害

1. 灰霉病

蓝莓灰霉病是大西洋西北部蓝莓产区最严重的病害，可以造成蓝莓产量严重下降。我国近几年开始出现蓝莓灰霉病的为害，主要在南方高温高湿地区发生，不同品种发生的严重程度不同。病菌最先侵染幼嫩的茎尖、花、幼叶和果实，造成损失，尤其当花期遭遇持续降雨高湿天气时更为严重。

花冠宿存的品种发病较严重。雨季或高湿的时候，花冠最先发病，然后很快传播到所有的花冠和果实上（图4–34）。发病初期从已宿存的花冠开始侵染，后产生灰褐色霉层，最后变成白色菌丝，然后开始逐渐侵染果顶、果面、果穗等器官，花或果实被一层灰色的细粉尘状物所覆盖。果实感染后表面起皱，病菌在果实表面产生大量的分生孢子，浆果破裂流水，变成果浆状腐烂，由黑变褐，最后变成黄褐色或灰色。

该病菌可以在土壤中越冬，也可以在植株上越冬，因此在萌芽前采用物理措施，结合开花前施用有效的杀菌剂能预防和控制灰霉病高发。防治措施：①选用抗灰霉病的品种种植；②做好清园工作，减少地面上病菌越冬媒介，同时在早春萌芽前全园喷施石硫合剂进行病虫害防治；③生育期防止偏施氮肥，尽量按需施肥，在营养生长期施用复合有机肥；④田间铺设防草布、地膜等，降低栽培环境的湿度；⑤开花时喷1～2次20 mg/kg的维生素C，可以提高植株对灰霉病的抗性；⑥萌芽前和开花前喷1次2亿活孢子/mL木霉菌可湿性粉剂500倍液，可以有效控制灰霉病。

图4–34　花和幼果灰霉病症状

2. 红点叶斑病

红点轮状斑点病是蓝莓生产上较为普遍的病害之一，主要发生在一年生枝条的叶片上。染病初期，叶面产生橙红色的斑点，斑点稍隆起，边缘清晰，近

形。病斑逐渐扩大，颜色逐渐加深，
病严重时，病叶颜色转变为红黑
，正面凹陷，叶背面凸起，叶子开
卷曲，叶片上密布病斑，叶色变黄
图4-35）。该病可以通过粉蚧和其他
虫进行传播。防治方法：①采用组
苗木或脱毒种苗进行栽植。②注意
治虫害，减少病害的传播和蔓延。
③加强田间栽培管理，注意科学浇水
和施肥，提高植株抗病能力。④涂抹
药物。可通过用药物涂抹茎部的方法
来进行防治，涂茎时间选在每年的6月
份、8月份和9月份，每月需涂茎2～3
次，每隔7～10 d涂1次。

图4-35　蓝莓红点叶斑病症状

参 考 文 献

[1] 郭俊英.蓝莓优质高效生产技术.北京：中国科学技术出版社，2018.

[2] 伴琢也.图解蓝莓整形修剪与栽培月历.侯玮青，译.北京：机械工业出版社，2019.

[3] 玉田孝人，福田俊.ブルーベリー１２か月.株式会社創森社，2007.

[4] Willianson J，Lyrene P.Commercial blueberry production in Florida.University of Florida 1995.

[5] Jorge B.Retamales and James F.Hancock，BLUEBERRIES，Library of Congres Cataloging-in-Publication Data，2012.

[6] 刘庆忠，赵红军.越橘高效栽培与加工利用.北京：中国农业出版社，2003.

[7] 日本ブルーベリー協会.ブルーベリー全本品種栽培利用加工.株式会社創森社，2005.

[8] 石川骏二，小池洋男.ブルーベリーの作業便利帳.農文協，2006.

[9] 于强波.设施蓝莓优质丰产栽培技术.北京：化学工业出版社，2020.

[10] 傅俊范，严雪瑞，李亚东.小浆果病虫害防治原色图谱.北京：中国农业出版社，2010.

[11] 堀込充.ブルーベリー（よくわかる栽培12か月）.NHK出版社，2013.

[12] 杨岑.蓝莓无公害高效栽培技术.成都：电子科技大学出版社，2019.

[13] 顾姻，贺善安.蓝浆果与蔓越橘.北京：中国农业出版社，2001.

[14] 於虹.蓝莓高产栽培整形与修剪图解.北京：化学工业出版社，2019.

[15] 李亚东.蓝莓优质丰产栽培技术.北京：中国三峡出版社，2007.

[16] 李亚东，刘海广，唐学东.蓝莓栽培图解手册.北京：中国农业出版社，2019.

[17] 李亚东，郭修武，张冰冰.浆果栽培学.北京：中国农业出版社，2012.

[18] 张东升.蓝莓丰产栽培实用技术.北京：中国林业出版社，2011.

[19] 狄原勋.图说蓝莓整形修剪与12月栽培管理，新锐园艺工作室组，译.北京：中国农业出版社，2021.

[20] 代志国，杜汉军，年宏伟，等.蓝莓栽培技术——百例问答.哈尔滨：东北林业大学出版社，2011.

[21] 姜坤.蓝莓与黑木耳立体栽培技术.北京：金盾出版社，2017.

[22] 黄国辉.蓝莓园生产与经营.北京：中国农业出版社，2018.

[23] 刘庆忠，张道辉，严雪瑞.蓝莓栽培新品种新技术.济南：山东科学技术出版社，2019.

[24] 吕佩珂，高振江，尚春明，等.草莓蓝莓树莓黑莓病虫害诊断与防治原色图鉴.2版.北京：化学工业出版社，2018.